JN192569

街の木ウォッチング

ウォッチング

オモシロ樹木に会いにゆこう

岩谷美苗

東京学芸大学出版会

はじめに

　私は樹木医の仕事をしています。樹木医は木のお医者さんで、木を元気にするのが仕事です。ふだん、道端や公園や寺社にある木、マンションにある木などを相手にしていますが、最近は、木よりも人を相手にする仕事だと感じています。というのは、木があることで蚊が出る、鳥がフンをしたり鳴き声がうるさい、落ち葉を掃除するのがたいへんなど、さまざまな苦情が寄せられるからです。問題があれば、たとえ名木であっても、容赦なく大枝を切られることがあります。そうかと思えば、木の持ち主や偉い人が「木を切らない」と言えば、邪魔な場所にある木でも伸び伸びくらしています。

　街では、木を生かすも殺すも人次第なのです。ということは、たくさんの人が木に関心をもつことができたら、街の緑は変わってくるのかもしれません。

　そこで、私たちの身近にある木について、予備知識がなくても、だれにでも興味をもってもらえるように考えたのが、木の形や現象による仲間分けです。この分け方は学術的な分類ではなく、ニックネームのようなものです。木の形や現象の理由がわかると「景色が変って見えるようになった」などと言ってくださる方もいます。

この本では、私が街で見つけた数多くのオモシロ樹木を紹介し、どうしてそうなったのかを解説しています。「そんなオモシロ樹木は特別でしょう？　なかなか見つけられませんよね」とよく言われますが、そんなことはありません。街路や公園、学校、住宅地、寺社など、じつは私たちの身近な場所にもある、ごくありふれたものです。

　そんな木の存在に気がつかないのは、「木をよく見てみよう」という意識のスイッチが入っていないからです。そういう意識を私は「樹木センサー」とよんでいますが、それをオンにするのは、「オモシロ樹木、ないかな」と思うだけなのです。

　日常生活のなかで木を見る習慣が身についてくると、木のほうから目に飛び込んでくるようになり、樹木センサーの感度が高くなります。すると、ますます木を見ることが楽しくなるでしょう。

　もし、オモシロ樹木を見つけることができないようなら、子どもと一緒に散歩してみるとよいでしょう。子どもたちは、すぐれた樹木センサーの持ち主です。センサーをスイッチオンしてあげると、意外とあっさり、オモシロ樹木を見つけてくれますよ。

街の木ウォッチング　目次

観察ノート

登場人物の紹介 ……………………………………………………………

のさ博士
樹木をこよなく愛する博士。持病の鼻炎で鼻水が止まらない。

みどりちゃん
生き物大好きの小学5年生。虫は好きだが植物は苦手。
みのるくんとご近所で幼なじみ。

みのるくん
ゲーム大好き、天然ボケな性格の小学5年生。
のさ博士との出会いがきっかけで、街の木観察にはまっていく。

写真・イラスト　岩谷美苗
本文デザイン　小塚久美子

街の木と楽しくつきあうための10か条

1　木がなぜここにいるのか、なぜこんな形になったのか、観察して推理する。

2　遠くで見て、近くで見る。そしてさらにじーっと見る。

3　ふわふわを探して、さわる。

4　だれかに「何やってるんですか？」と聞かれたら、できるだけ樹木の魅力を伝える。ただし、マユをひそめられたら、無理しなくてよい。

5　だれも見向きもしない地味な花や実を精力的に眺める。ついでに匂いを嗅ぐ。

6　イモムシや鳥、キノコ、コケなども見つけたら、木との関係を観察したり調べたりする。

7　なじみの木の近くに行ったら、とりあえず会って帰る。

8　写真撮影や観察は、通行の邪魔にならないようにする。

9　定期的（季節変化、3〜5年おき）に定点写真を撮って、変化を見て楽しむ。

10　撮影した写真の整理をする。写真を見直すと、今はどうしているか木に会いたくなってくる。

この本の使い方

起動‥‥‥‥‥‥‥‥‥‥‥‥‥‥‥‥‥‥‥‥‥‥‥‥‥‥‥‥‥‥

　この本では木に起きる現象にもとづいて樹木の新しい分類方法を提示しています。本を読んで樹木センサーのスイッチを入れましょう。スイッチが入るといつもの散歩道や通勤通学路でもオモシロ樹木を見つけることができるかもしれません。

分類‥‥‥‥‥‥‥‥‥‥‥‥‥‥‥‥‥‥‥‥‥‥‥‥‥‥‥‥‥‥

　それぞれの木に起きている現象によって仲間分けをしています。1章から4章は木の部位に注目し、5章では身近な場所で人と生きることで起きる現象について紹介しています。なぜそうなったのかの解説もあります。

街の木クイズ‥‥‥‥‥‥‥‥‥‥‥‥‥‥‥‥‥‥‥‥‥‥‥‥

　樹木の解説にあわせてクイズを用意しました。挑戦してみてください。

木と遊ぼう‥‥‥‥‥‥‥‥‥‥‥‥‥‥‥‥‥‥‥‥‥‥‥‥‥

　木を楽しむアクティビティを紹介しています。ちょっとディープな樹木ワールドをお楽しみください。

観察ノート‥‥‥‥‥‥‥‥‥‥‥‥‥‥‥‥‥‥‥‥‥‥‥‥‥

　木の生活の仕方や豆知識、街の木をとりまく問題などをまとめてあります。解説のより深い理解につながるでしょう。

私の好きな街の木 ……………………………………………………………

　オモシロ樹木はまだまだあります。これまでに出会った街の木の中から選りすぐりの樹木を紹介します。

A それぞれの木に起きている現象によってオモシロ樹木を仲間分けしました。分け方は親しみやすい木のニックネームのようなものです

第1章　幹に注目！

1
空洞木
［くうどうぼく］

　中身がない、うつろな木を「空洞木」とよぶことにしました。葉が十分にあれば、木は折れないように、一生懸命太ります。人間はとかく中身を問われますが、木は外側重視なのです。

　大きな木が空洞になるのは自然なことです。枝折れ、根の傷などによって腐り、長い時間をかけて崩れてなくなります。それでも葉をたくさんつけて、折れないように幹の壁を厚くしようとしています。木は、幹の中心部はほとんど使っていないので、中身がなくなっても生きていけるのです。

　移植などで過去に根や枝を切られた木、あるいは剪定を繰り返される木は、幼くても空洞が見られます。

なんでこうなるの？

右の写真のように幹が空洞になるのは、過去に根や枝を大きく切られ、そこから時間をかけて腐って中身が崩れたものと思われます。

東京都台東区在住のムクノキ。大きな木なら少なからず中は空ろ、空洞になっていきます

出会える場所：神社・寺・公園など
木の種類：イチョウ、ウメ、ムクノキ、ケヤキ、スダジイ、クスノキ、シラカシなどが多い

20　　　21

B なぜこうなったのかイラストで解説しています

C 木を探す手がかりとして、どのような場所で見かけるかを紹介しています

D それぞれの現象がみられる代表的な樹種を紹介しています

木は大きくなる生き物

芽生えたばかりのマツ

樹齢約400年のマツ。高さは21m

　木は長い時間、同じ場所で生活します。動かず大きくなることで、その場所を占有しています。たとえばマツは、上の写真のように、小さな芽生えから何十年何百年かけて大きくなるのです。

　マツは陽当りが良い場所が大好きで、山の尾根や海岸などでよく見られます。陽当りが良い場所は、他の木にも人気ですが、尾根などの乾燥が厳しい場所にはライバルがあまりいません。マツは菌根菌（p.122）の協力により、乾燥した場所でも暮らすことができるのです。

オニグルミの1年目

　成長の早さは木の種類や環境条件によります。のんびり大きくなる木には、モッコク、イヌマキ、イヌツゲ、モチノキ、クロガネモチ、ヒヨクヒバなどがあります。

　早く大きくなる木には、ヤナギ類、キリ、イイギリ、シンジュ、メタセコイア、ユーカリ、アカメガシワ、ムクノキ、シマトネリコなどがあります。

　たとえば、「オニグルミ」という木は、ひなただと写真のように3年ほどで4〜5mの高さに成長します。

2年目、2階に届きそうです

3年目、2階の屋根に届いてます。環境条件が良いので早く成長しています。日陰だと成長は遅くなります

葉と根のはたらき

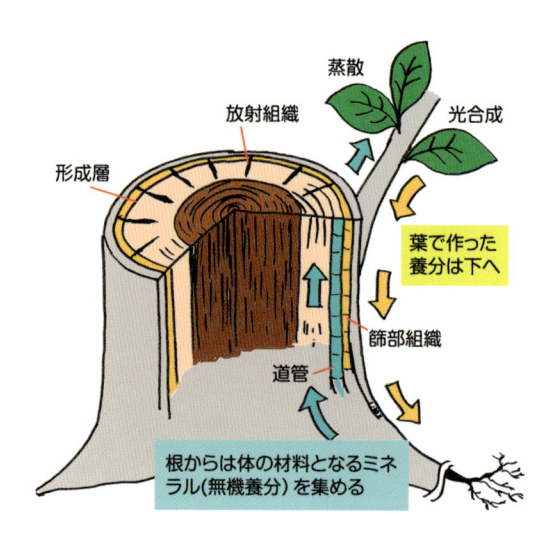

蒸散

放射組織

光合成

形成層

葉で作った
養分は下へ

篩部組織

道管

根からは体の材料となるミネ
ラル（無機養分）を集める

　木は根から栄養を吸っていると思っている人が多いと思います。たしかに、根からはおもに体の材料となるミネラル（無機栄養）を水と一緒に吸いますが、木はそれだけでは生きていけません。葉が光を受けて、光合成によって作られるショ糖などの糖が大事な栄養なのです。栄養（糖）は葉から幹を通じて多くは下方へ運ばれます。栄養が葉から下へ運ばれるイメージで木を眺めてみてください。木は、下から吸い上げるミネラル・水と、葉から下方へ運ばれる栄養という両方のバランスをとって生きています。

駐車場のシラカシ。上枝が枯れているのは排気ガスが原因だと
思われがちですが、根の問題だと思われます

　写真の木は、光がいちばんあたる上枝が枯れています。こういうとき
は根や土に問題があることが多いのです。土が乾燥していたり（あるい
は過湿だったり）、土が硬かったり、根が傷んでいたりすると、根から
水を十分に吸うことができません。それなのに葉裏からはどんどん水が
出てしまいます（このことを「蒸散（じょうさん）」といいます）。

　木は葉からの蒸散を抑えるために葉を小さくしたり、枯らしたりして、
水分の排出量を調節しようとしています。ただ、木はすぐに葉の大きさ
を変えられないので、たとえばその年に根から十分に水分を吸収できな
かった場合、翌年に葉を小さくします。

樹木のいろいろな仲間分け

　木にはいろいろな仲間分け（分類）があります。おもな分類をご紹介します。

①大木になる木　大きくならない木

　木にはとても背の高くなる木と、高くならない木があります。木の高さが約5m以上になる木を「高木」、成長しても5m以下の木は「低木」とよびます。高木にはケヤキ、サクラ類、イチョウ、マツ（アカマツ、クロマツ）など、低木にはツツジ、アオキ、アジサイ、ヤツデなどがあります。

②広葉樹　針葉樹

　一般に葉の形が平たいのが広葉樹、針のように尖っているのが針葉樹といいます。広葉樹の幹には道管があり、木材が硬いのでハードウッドとよばれ、針葉樹の幹には道管はなく、仮道管があり、木材が柔らかいのでソフトウッドとよばれています。

針葉樹のマツ

広葉樹のコナラ

落葉樹のカラマツ

常緑樹のツバキ

③秋に葉が落ちる木　落ちない木

　木には秋に葉を落とす落葉樹と1年中葉が青々としている常緑樹があります。落葉樹にはサクラ類、イチョウ、カラマツなど、常緑樹には、スダジイ、スギ、ツバキなどがあります。

④雄雌が別々の木　一緒の木

　雄と雌が別々の木があります。これを雌雄異株といいます。たとえば、アオキの花を見ると、雄の木の花にはオシベだけ、雌の木の花にはメシベだけがあります。雌雄異株にはほかに、ヤマモモ、イチョウ、ヤナギ類、サンショウなどがあります。

アオキの雄花。オシベしかありません

　一方、雄花と雌花は別々だけど、同じ木についている木を雌雄同株といいます。雌雄同株には、マツ、スギ、ケヤキ、イロハモミジなどがあります。

アオキの雌花。メシベしかありません。雌の木には実がなります

⑤陽樹　陰樹

　たくさんの光を必要とする木を陽樹、光が少なくても耐えられる木を陰樹といいます。どんな木も光が大好きですが、大食いと小食の人がいるように、植物にも違いがあるのです。空き地に真っ先に生えるのは陽樹です。ウメやサクラ類、マツ、ヤナギ類などの陽樹は、日陰に植えると弱って枯れてしまいます。陰樹にはアオキ、ヤツデ、シラカシなどがあります。

　陰樹は日陰が好きというより、乾燥が苦手なものが多いような気がします。

　このように、木にはその特徴によっていろいろな仲間分けがあります。たとえばアオキは、雌雄異株の低木の常緑広葉樹で陰樹、ということになるわけです。

陽樹のウメ（中央）。常緑樹の下にあり、日が当たらないので枯れています

他の木が上空で日光争奪戦を繰り広げている下で、のんびり暮らす陰樹のアオキ

第 1 章

幹に注目！

樹木の幹は大きな体を支えるため、
丈夫でなければなりません。
でも、まっすぐ素直に育つ木ばかりではなく、
中身が空洞になったり、ねじ曲がったり、
いろんな表情を見せてくれます。

年輪は中心が古くて外側が新しい

2月23日

木の年輪は毎年外側にできます。そのため、中心がいちばん古くて、樹皮に近い年輪がいちばん新しいのです。中心は古くなると腐ったりしますが、外側へ新しい年輪をつけて、どんどん太くなります。

右の写真は、同じプラタナスの木を2月から9月までのあいだに4回撮影したものです。6月と8月のあいだで、樹皮の模様が変わっています。この期間に幹が太くなったのです。

新しい年輪ができて幹の中身は太りましたが、樹皮は伸びたり縮んだりしません。太って服が破れてしまうように、樹皮に亀裂ができ、はがれてこのような模様になりました。

6月9日 8月5日 9月15日

埼玉県所沢市在住のプラタナス。剪定され隣の電柱のよう！　少ない葉でもわずかに幹を太らせています

1
空洞木
【くうどうぼく】

　中身がない、うつろな木を「空洞木」とよぶことにしました。葉が十分にあれば、木は折れないように、一生懸命太ります。人間はとかく中身を問われますが、木は外側重視なのです。

　大きな木が空洞になるのは自然なことです。枝折れ、根の傷などによって腐り、長い時間をかけて崩れてなくなります。それでも葉をたくさんつけて、折れないように幹の壁を厚くしようとしています。木は、幹の中心部はほとんど使っていないので、中身がなくなっても生きていけるのです。

　移植などで過去に根や枝を切られた木、あるいは剪定を繰り返される木は、細くても空洞が見られます。

なんでこうなるの？　右の写真のように幹が空洞になるのは、過去に根や枝を大きく切られ、そこから時間をかけて腐って中身が崩れたものと思われます。

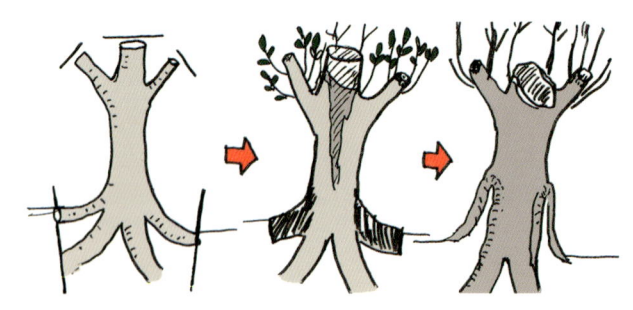

東京都台東区在住のムクノキ。大きな木なら少なからず中は腐り、空洞になっていきます

出会える場所：神社・寺・公園など

木の種類：イチョウ、ウメ、ムクノキ、ケヤキ、スダジイ、クスノキ、シラ
カシなどが多い

幹に注目！

中心部分は
ほとんど使わない

　木を横に切った断面を見てみましょう。幹は外側から、樹皮、篩部（しぶ）、形成層、木部（もくぶ）から成っており、木部には道管や放射組織があります。形成層はとても薄い層で、その内側が新しい年輪、外側が篩部となります。生きた組織は形成層、篩部、放射組織（柔細胞（じゅうさいぼう））です。中央の色の変わった部分は心材といい、すでに死んだ部分です。

　根から水を吸い上げるために使っている道管や仮道管は、全体にありますが、おもに使っているのは新しい年輪のもののようです。たとえば、ケヤキなどはできたばかりの年輪の道管でしか水を吸い上げません。樹皮や外側の年輪は、木の生命を維持する重要な役割を果たしています。

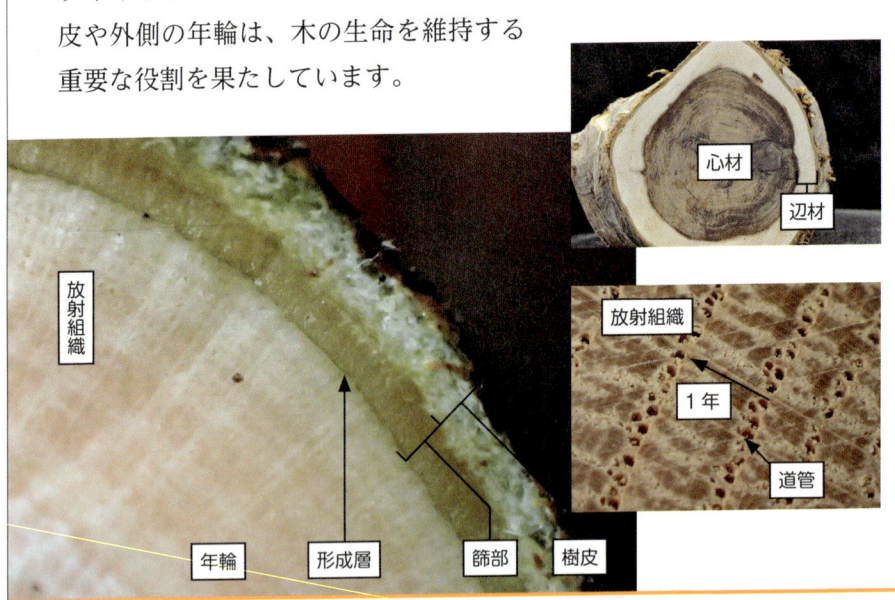

心材

辺材

放射組織

放射組織

1年

道管

年輪　　形成層　　篩部　　樹皮

腐るのを自分で
くいとめる

傷ついて腐朽菌（材を
腐らせる菌）が入ったと
き、木はそれ以上菌を広
げないように、封じ込め
ることができます。腐朽
菌を食い止める場所は、
おもに下記の4つです。

1　道管でとめる
2　年輪でとめる
3　放射組織でとめる
4　形成層でとめる
　（ここでの防御が最も強い）

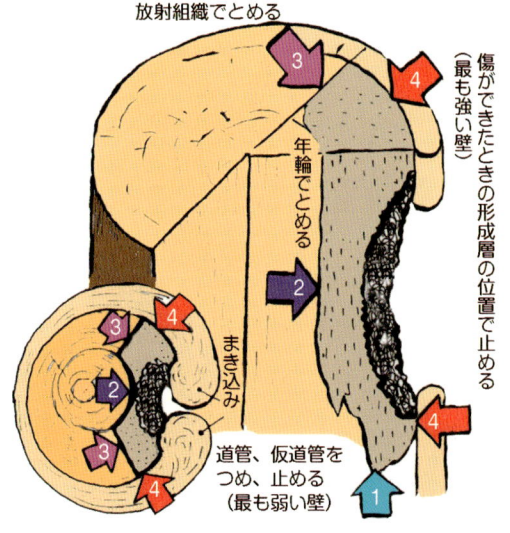

放射組織でとめる

傷ができたときの形成層の位置で止める（最も強い壁）

年輪でとめる

まき込み

道管、仮道管を
つめ、止める
（最も弱い壁）

アレックス・L・シャイゴ著／
日本樹木医会訳編『現代の樹木
医学』p.34 を参考に作図

ただし、葉が乏しく元気のない木は、腐朽菌を十分に封じ込めること
ができません。大きく切られた木などは1〜3はせず、4しかしません。
中は放棄しても、形成層だけは守りたいのです。

腐朽菌を完全に殺す薬は、残念ながら生きた木には使えません。その
薬の影響で木が枯れてしまうおそれがあるからです。

幹に注目！

いろいろな空洞木

　かつて枝のあった部分に、穴が開いている木を見かけます。その穴にゴミが入っていたり、神社にある木などではそこにお賽銭が入っていたりすることもあります。樹木はあまり注目されませんが、穴にはわりと気づく人が多く、何かを入れたくなるようです。

穴の開いた部分が吸い殻入れになっていたクスノキ。数年後には穴を閉じていました。まるで「禁煙しなさい」と言っているようです

街の木クイズ❶

Q：皮をむかれた木（A）と空洞の木（B）、どっちが早く枯れる？

A：皮を幅20cm ぐらいぐるりとむかれた木

B：幹の中がすっかり空っぽの木

答え A（皮をむかれた木）

篩部と形成層が一周なくなると、葉からの糖が根へ運べない

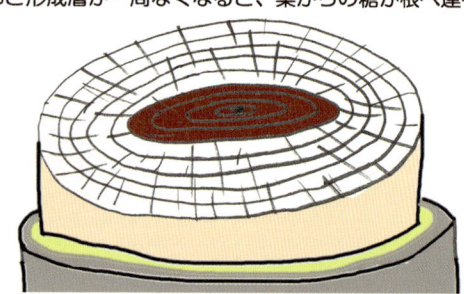

A：皮をむかれた木
　の幹の断面図

形成層と篩部
は残っている

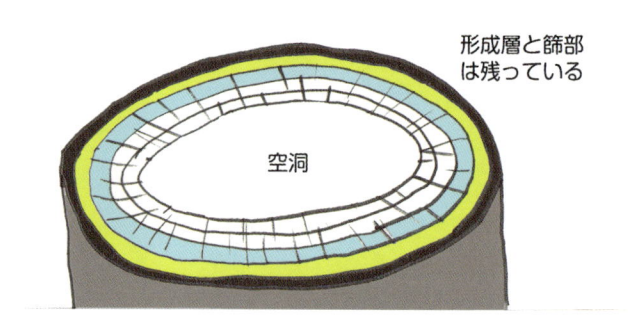

空洞

B：空洞の木の幹の
　断面図

　Aは、20cmぐらい形成層をぐるりとむいていますが、これだけで木は枯れます。木は、形成層を1周むかれると、たとえ数cmでも上（葉）からの養分の流れを止めてしまうことになります。これが木のいちばんの弱点だといえます（木によっては樹皮を再生することもあります）。

　一方、Bは、形成層があるので、簡単には枯れません。これから太くなる可能性もあります。木は中身がなくても平気で、いのちを保つには外側（形成層など）がとても大事なのです。

観察 ノート①

木は下枝でバランスをとっている

　林業では節（枝の痕）がない材を取るために、下枝を切る「枝打ち」という作業をします（図右）。上枝は日光がよく当たるので、光合成が盛んですが、下枝は上枝の陰になるため、光合成は盛んではありません。街の木でも邪魔になるような下枝を切ることが多いのですが、下枝は木が安定して立つためにとても重要なのです（図左）。下枝があることで、重心が低くなり、幹も安定した形になります。とくに風の強い場所では、下枝はあったほうが木が倒れるリスクを低くすることができるでしょう。

2

食い込み木
【くいこみぼく】

　右ページの写真のように、ほかの何かが食い込んでしまった木を食い込み木とよんでいます。なんだか痛そうに見えますが、木は意外と平気。それよりも食い込んだことを理由に伐採されるおそれがあります。

　金網やパイプ、石などが食い込んでいる木があります。見かけは痛々しいのですが、食い込んだからといって、木が枯れることはありません。海外には、ベンチをまるごと飲み込んだ木もあります。子どもの頃は木の下のベンチに座れたのに、老人になったら（木が飲み込み）ベンチがなくなったといいます。飲み込まれたら取れるものではありません。

なんでこうなるの？

異物に当たりつづけると傷がつくので、傷口付近の幹が太り、異物を固定するように飲み込みます。飲み込んでからはほとんど変化は見られません。

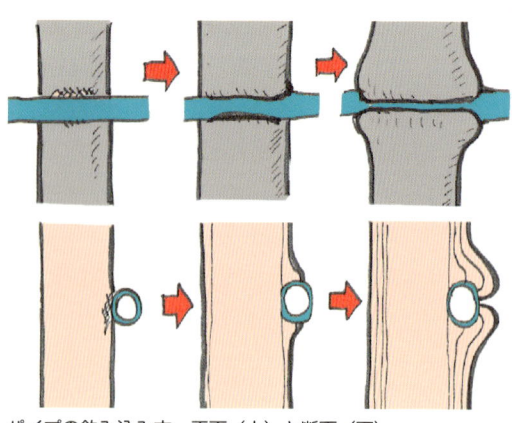

パイプの飲み込み方。正面（上）と断面（下）

東京都新宿区在住のパイプを飲み込んだプラタナス

出会える場所：街路・学校のフェンス・寺・公園・民家の塀など

木の種類：プラタナス（アメリカスズカケノキ、スズカケノキ、モミジバス
ズカケノキ）、ユリノキ、クスノキ、ヤナギ類、ケヤキ、エノキ、
キリ、サクラ類などが多い

押してダメなら
飲み込みはじめる

　木は自分にとって邪魔なものにぶつかると、それをなんとかしてどかそうと押す方向で成長します。木は風に揺れ、異物にこすれて傷がつくからです。押してダメな場合、次はがっちりつかんで固定しようとします。こすれつづけるよりも飲み込んだほうがましなのです。そのため、飲み込みはじめは早いのですが、一度飲み込んでしまうと変化は穏やかです。

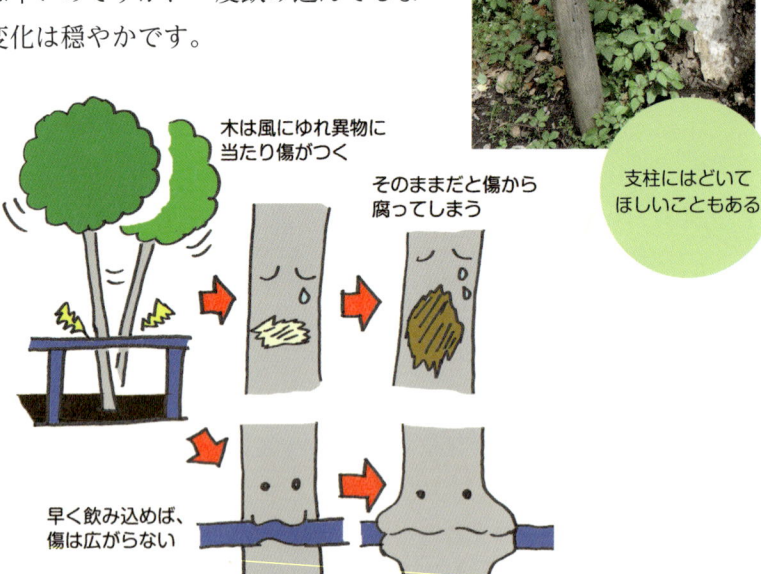

木は風にゆれ異物に
当たり傷がつく

そのままだと傷から
腐ってしまう

早く飲み込めば、
傷は広がらない

支柱にはどいて
ほしいこともある

異物を取るのは難しい

　食い込んだ異物はそうそう取れるものではありません。飲み込んでしまった支柱を無理矢理取ったがために、樹皮が傷つき、腐ってしまうこともあります。下の写真の木のように、すでに飲み込んでしまっているときは、そのまま飲み込ませるほうがよいでしょう。

支柱の横木を飲み込んだコブシ

支柱を無理に取り、樹皮が枯れて腐りはじめているプラタナス

　校庭や運動公園などフェンスがある場所には、金網に取り残された木片をしばしば見かけます。こういった場所では、運動場を広く取るために木をフェンス近くに植えるので、成長した木の枝が、金網のすきまから伸びて食い込んでしまうのです。木を大切にしているところでは、金網を切って広げていますが、木が切られてしまうケースが多いようです。

いろいろな食い込み木

プレートを飲み込む

石碑にブチュー

怪獣カネゴンみたいなクスノキ

木に合わせて塀を作っても、木は太くなります。このコブシは切られてしまい、飲み込んだ塀の一部になってしまいました

街の木クイズ❷

**Q：木の上に車が載っていて、
まるで木が持ち上げてしまったかのようです。
どうしてこんなふうになったのでしょう？**

バイクや車の部品も
食い込んでいます

幹に注目！

 答え

積み上げてあった車の下から木が生えた

A

B

　p.33の写真の木はエノキという木です。鳥によって種が運ばれ、芽生えたのでしょう。かつては図Aのように車が積まれていて、芽生えたエノキは車のすきまから枝を伸ばしました。気づいたときにはすでに図Bのように木に食い込んでいて、動かせる車を撤去したところ、まるで木が車を持ち上げたかのようになりました。幹は太ることはあっても伸びはしないので、「木が車を地面から持ち上げた」というわけではありません。

足湯ケヤキ（跨ぎ木）

　ふらりと立ち寄った公園で、なんとケヤキが足湯しているではありませんか。2本の根っこが足のよう。囲いから足を伸ばして「はあーこりゃーいいわ」と言っているようです。おそらく、周りの道が低くなったために、根を切って囲いをされたのでしょう。切られた根から新しい根が伸びてだんだん太くなりました。いまはすらりとした足ですが、年々太くなっていくのかなあ。

アスファルトの化石

　横断歩道を渡っていると、道路に模様がついていることに気がつきました。よく見たらプラタナスの押し葉でした。街路樹の葉が道路に落ちて、行き交う車がローラーとなり、アスファルトの化石のようになっています。この落ち葉の化石模様を見るために、横断歩道を何度も往復したのでした。

3
傾き木
【かたむきぼく】

　傾いた木を「傾き木」とよんでいます。傾いてもバランスをとろうとする前向きな木と、あきらめてしまう木があります。

　木は強風や根が弱って傾くこともありますが、光を求めて枝葉をつけ、自らの重みで傾くこともあります。

光を求めて幹が傾いたヒノキ。EXILE の Choo Choo TRAIN みたい？

なんでこうなるの？

この木は幹の上部分がなくなり、横枝だけを残されて傾きました。その後、枝を上手に伸ばして、イナバウアーのような格好でバランスをとっています。

東京都小金井市在住のヤマザクラ。雪の中のイナバウアー

出会える場所：公園（池のそば）、街路、川のそばなど

木の種類：サクラ類、ケヤキ、スダジイ、クヌギ、コナラ、ウメ、マツ（アカマツ、クロマツ）、ヒノキ、サワラなどが多い

幹に注目！

傾いても
ふんばっている

　木は倒れたら、光が十分に得られなくなり、生きていけません。傾いたら、倒れないようにバランスをとろうとふんばります。このふんばり方に針葉樹と広葉樹では少し違いがあります。

　針葉樹は傾いた側の根が深くなり、年輪も傾いた側が太くなります。この支えようと太る部分を「あて材」といいます。広葉樹は傾きの反対側にあて材を作ります。

　木はとても重い体重を支えています。傾いている木がバランスをとろうと伸ばしている根を傷つけないように気をつけましょう。

針葉樹　　　　　　　　　　　　　　　　広葉樹

あて材

あて材

柵を木に合わせる

　広葉樹のあて材は傾きの反対側にできるので、傾いた広葉樹は傾きの反対側に長く根が伸びます。バランスをとろうとがんばっている根です。ふつう、柵は円形に囲みますが、こういうときは根が伸びている方向に広い柵にしましょう。木のがんばりを邪魔しません。

　逆に、支える根を切ったり、根元が道で多くの人が踏むような環境だと、木はやりやすい方法でバランスがとれません。しかたなく別の根でふんばりますが、苦労しています。また、枝葉を切りすぎても、あて材が作れなくなってしまいます。木の都合も考えて、傾いた木のがんばりを応援しましょう。

広葉樹は傾きの反対側が広い
柵を作ってはどうでしょう

サクラの跡継ぎ問題

　立派なサクラ並木のなかにまだ細いサクラの若木が植えられ
ていることがあります。並木の維持のため後継樹を育てようと
いう試みのようですが、成功の見込みは薄いと言わざるを得ま
せん。

　サクラ類は明るい場所を好む陽樹（p.16参照）です。ひら
けた場所で育つのは得意ですが、日陰の耐性はありません。日
陰に強い木は陰樹とよばれています。

　自然の森で日光争奪戦が行われると、初めは光が好きな陽樹
が幅を利かせますが、次第に大きくなった陽樹の下で、日陰に
耐性のある陰樹が勢力を増やしていきます。これは大木の日陰
では陽樹の次世代は育つことができ
ないためです。陽樹であるサクラは
大木の陰が苦手、つまり立派なサク
ラ並木の陰ではうまく成長できない
のです。光が足らず後継樹の方が先
に枯れてしまうでしょう。

　また、サクラの後にはサクラを植
えても上手く育たないことが多く、
土を入れ替えて3年は待つなど対策
が必要になるようです。

街の木クイズ❸

Q : 写真は傾いていたマツの年輪です。
年輪から過去にはまっすぐ立っていたことが
わかるのですが、一体いつ傾いたのでしょう?
年輪の痕跡を探してみましょう。

まず年輪の中心を探そう

切られる前の傾いたマツの姿

答え

均等な年輪幅が急に広くなる境目

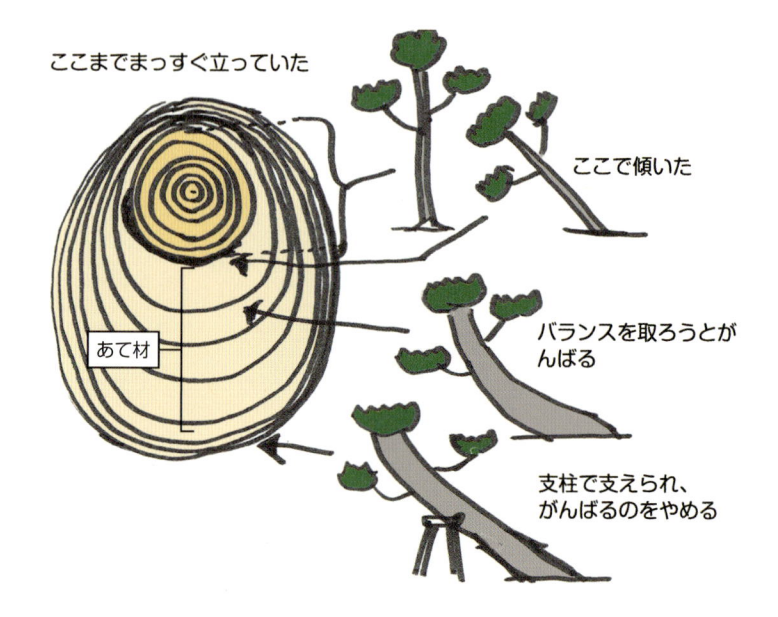

ここまでまっすぐ立っていた

ここで傾いた

あて材

バランスを取ろうとが
んばる

支柱で支えられ、
がんばるのをやめる

　まず、木の年輪の中心を見てください。少し上にかたよっています。年輪の割れがあるところまでは、年輪幅は均等です。この年までは傾いておらず、まっすぐ立っていました。割れているところで木が傾いたのでしょう。そこから下側の年輪幅が広くなっています。この時期、木はバランスをとろうとがんばっていたことがわかります。

　しかしその後、年輪の幅は狭くなっています。支柱がつけられて自分でがんばらなくてよくなったので、あて材を作らなくなったのかもしれません。

苦情と期待の狭間にある木

　街での樹木に対する苦情や問題は、山のようにあります。最も多い苦情は落ち葉です。落ち葉はかつて肥料などに使われていましたが、最近ではたんなるゴミになってしまっているからです。街路樹は落葉する前に剪定されます。木としては葉からミネラルを回収したうえで落葉させたいのですが……。木の持ち主は、落ち葉の苦情は寄せられても、その木を褒められることはほとんどなく、街で木と暮らすのは、とても厳しい状況になっています。（持ち主さんと木をもっと褒めましょう）

　一方、木に対する期待は増えています。一般に防風、防塵、防音、防火、気温を和らげることなどに役立つといわれています。そのうえ、美しい花が咲いて見映えもよく、剪定に強くて、大きくなりすぎない木が求められています。現実は剪定しすぎて葉が少ないため、どの期待にも十分に応えられていません。

整えられ管理された木より、変な形でもがんばっている樹木に魅力を感じる人が増えれば、街の木も生きやすい世の中になるのではないでしょうか。

4
螺旋木
【らせんぼく】

　幹がねじれている木を螺旋木とよんでいます。ひねくれ者が親近感をもちそうですが、ひねくれる理由は正反対？

　ねじれることで、強い風や負荷にも耐える幹となります。ほかにもいろいろな利点があります。ただ、いつもとは反対の側から力がかかると、割れ目ができてそこから腐ってしまうことがあります。

なんでこうなるの？　下の図は環境でねじれる木の例です。ほかにもビャクシンやザクロ、ネジキなど、生まれつきねじれる性質の木もあります。

日陰

こっちが
日当りが
よい

日当りのよい方に
葉をたくさんつける

重み

重み

重みにより、傾き、
ねじれていく

東京都練馬区在住のイロハモミジ。光が当たる池側に伸び、ねじれています

出会える場所：川や池のそば、街路、学校、住宅地、公園など

木の種類：サクラ類、モミジ類、マツ、ザクロ、ビャクシン、ネジキなどが
　　　　　　　多い

幹がねじれる理由

ヒモを3本合わせて曲げてみましょう。外側になるヒモにいちばん力がかかります。

次にこのヒモをねじってから曲げてみましょう。どのヒモにも同じ力がかかります。木は体重が重いので、幹にはたいへんな力がかかります。風で揺れるときも、ねじれていることで力が分散されるのです。

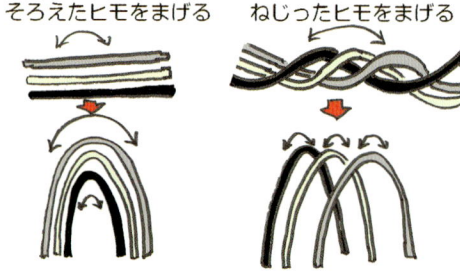

そろえたヒモをまげる　　ねじったヒモをまげる

力のかかり方は差がある　　力のかかり方は均等

仮に幹がまっすぐで、枝葉と根もまっすぐつながっていたとします。樹種にもよりますが、特定の枝と根がつながっている場合、右の図のように大きな枝が枯れると同じ方向の根も枯れてしまいます。そうなるとバランスを崩し、倒れてしまうかもしれません。ねじれていると、枝に対応する根の位置が分散されるので、片側全部が枯れるリスクがなくなります。

いろいろな螺旋木

右下の写真は空洞木で、螺旋木で、かつ傾き木のウメの木です。傾いてねじれて育ち、大枝が枯れてなくなってしまったため、残された葉では維持しきれない部分が腐ってなくなってしまいました。ねじれた風貌が名物となっています。

生まれつきねじれる性質のザクロ

つるに巻かれても螺旋状になります。つるが食い込んだところがへこんでいます

傾いてらせん状に成長したウメの木が、枝から枯れ下がり、らせん状に腐りました

5
巻き込み木
【まきこみぼく】

　枝がなくなった跡や傷を塞ごうとしている木を巻き込み木とよんでいます。

　腐朽菌の封じ込めのために、新しい樹皮を作って傷口を塞ごうとしています。右ページの写真の木は、まるで便座のように見えてしまいました。残念ながら便座は期間限定。巻き込み部分が成長し、いずれ穴がなくなるでしょう。

　ただ、穴が塞がったからといって、中の腐朽や空洞がなくなるわけではありません。木がゆれるとき、幹の内部より表面に強い力がかかるので、表面の穴が閉じられるのは大事なことなのです。

なんでこうなるの？　太い枝が切られ、切り口から腐朽が広がらないように急いで傷を塞ごうと巻き込んでいます。

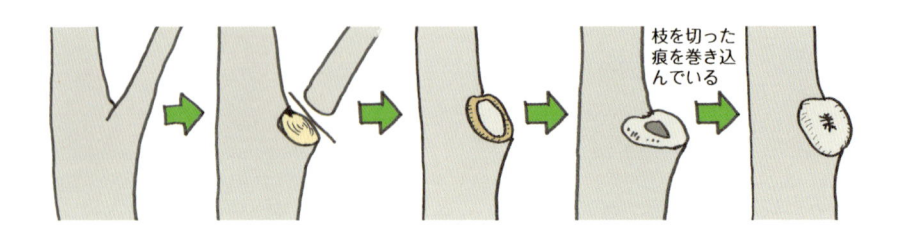

枝を切った痕を巻き込んでいる

東京都千代田区在住の便器ケヤキ。便座が高すぎて座ることはできません

出会える場所：街路、住宅地、学校、公園などどこでも

木の種類：どんな木でも。ケヤキ、クスノキなど広葉樹が見つけやすい

いろいろな巻き込み方

肉まんみたいな形

　枝がなくなった痕を巻き込んで閉じた様子が肉まんのように見えることがあります。とくにスダジイは、新しい樹皮と古い樹皮が大きく違うので、巻き込み部分の樹皮が際立って新鮮なのがわかります。

肉まんタイプ

猫の目タイプ

コイン入れ口（巻き込み途中）

猫の目みたいな形

　枝が幹に沿って切られると（フラッシュカット p.66）、その傷が閉じたときに縦線が残り、猫の目のように見えます。

伸びたゴムみたいな形

　枝を切ったとき、幹の樹皮が剥げてしまったのか、切り口から腐朽がすすんでいます。巻き込みが伸びたパンツのゴムみたいに見えました。

伸びきったパンツのゴムタイプ

活力のバロメーター

　幹はコケだらけなのに、巻き込み部分だけコケがついていない木があります。

　コケは自分で光合成するので木に害はありません。幹があまり太くならないと新しい樹皮に更新されず、同じ樹皮を長く使うので、コケの居場所になりやすいだけなのです。

　巻き込み部分は、傷を巻き込もうと活発に太り、樹皮が頻繁に入れ替わります。そこにコケがつく余地はありません。もし巻き込み部分にコケがついていたら、その木は年をとっていて成長が遅いか、あまり元気がないのかもしれません。

　巻き込み部分は、木の活力のバロメーター。木全体とともによく観察してみましょう。

いろんな木を見ていると、なんだか顔があるような？　ユーモラスな顔をした木をゆる木ャラとよんでいます。

枝があった場所をよく見ると、いろいろな表情が発見できます。

コブシ、キリなどは枝の付け根に樹皮が盛り上がってできる痕（ブランチバークリッジ）がはっきり見えるので、枝の痕がまるで目のように見えます。

同じ高さから枝が複数出るイイギリ、アオギリ、マツなどを探すと顔を見つけやすいです。いろんな顔のゆる木ャラを探してみましょう。

キリはブランチバークリッジがくっきり

目
枝の痕

ネコの目みたいなアオギリ

口
枝を切った痕が巻き込まれて口のようになった

鉛筆を挟んでいるみたいなクスノキ

目
枝が腐ってなくなり、穴があいた

あごが外れたマツ

少女マンガのような目をしたサクラ　枝の一部が腐り、グラデーションができた

舌
（キクラゲ）
枝の切断痕が腐ってキノコが生えた

泣いてる子どもみたいなシラカシ

幹に注目！

木と遊ぼう①

妖怪を探そう

口

妖怪ガムかみ　プレートのガム
はもう何年も噛みつづけている

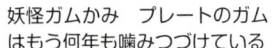

目
枝の痕

妖怪かべかじり　ふれたものは
何でもかじりついてはなさない

樹皮わらし　マツの木にまれに
現れる（樹皮が落ちた痕）

妖怪ものもらい　樹名板の眼帯
がときどきずれている

目
キリの
木の髄

口
かつて腐って
いた部分

笑う一つ目小僧　目が笑ってな
い

第2章
枝に注目！

木は日当りなどの環境にあわせ、
枝の配置を工夫しています。無意味な枝はありません。
枝を切るときに正しく剪定できるよう、
枝の役割を考えてみましょう。

よっと

伸びるのは 新しい枝だけ

枝が伸びるのは、おもに春だけです。①〜④の写真はケヤキの芽が開き、伸びていく様子です。小さな芽が開いてから数日で写真④のように枝が伸びます。

伸びる枝は新しい枝だけで、昨年までの枝や幹は、新たに伸びることはありません。伸びたように見えるのは、すでにある枝の先に新しい芽ができ、それが伸びているためです。また、枝や幹は太くなるので、大きくなったように感じます。

ケヤキの冬芽。左の小さいのは予備の副芽

①

②

とても小さな芽が春になるとほころびはじめます

③

ケヤキの小さな葉があらわれました

④

小さな芽から一人前の葉っぱに成長しました

1
くっつき木
【くっつきぼく】

枝同士、あるいは幹と枝がくっついた木をくっつき木とよんでいます。

　右ページの写真は、1本の木の別々の枝がくっついている様子です。アルファベットのAの字を逆さにしたような、あるいはOKサインのような形に見えます。また、別々の木でもくっついて一つの木になることがあります。種類が違う木でも、相性が良い（親和性がある）木同士はくっついて一つになります。異物や、親和性がない木とはくっつきません。
　中国の故事で知られる「連理の枝」は、2本の木の枝が一つにつながっている伝説上の樹木ですが、1本の木ではけっこう見られます。

| なんでこうなるの？ | 枝同士が接すると、風でこすれてお互いに樹皮がむけます。そこがくっつき、太枝から栄養をもらえるようになるので、小枝の先は枯れ落ちます。 |

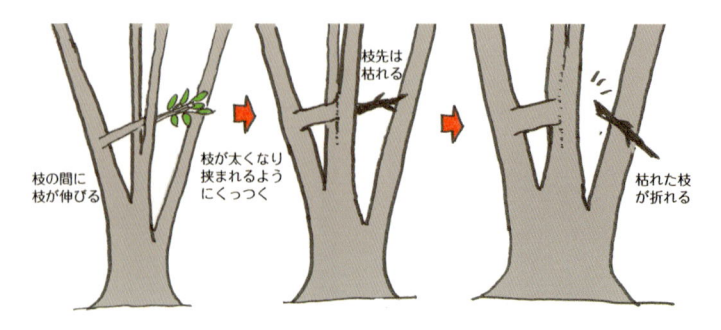

枝の間に枝が伸びる　枝が太くなり挟まれるようにくっつく　枝先は枯れる　枯れた枝が折れる

58

東京都文京区在住のエノキ。悩んだときはこの OK サインを見にゆきます

出会える場所：公園、街路など

木の種類：ケヤキ、プラタナス、エノキ、トウカエデ、クヌギ、コナラ、
　　　　　クスノキなどが多い

別々の木でも接ぎ木で1本の木になる

　人の手でつくられるくっつき木もあります。これは接ぎ木とよばれています。

　同じ種類の木同士、別種でも相性のよい木同士は接ぎ木ができます。土台の木を「台木」、接ぐ枝を「穂木」とよび、台木に穂木を刺して接ぎます。こうすることで病気に強い苗を作ったり、早く実をつけさせたりすることができます。

　ヤマモモは雌雄異株の木です。種から芽が出ても雌雄はすぐにはわからないので、実を栽培するときは雌の枝を穂木にして接ぎ木をします。台木が雄だったとしても雌の木は元気に育ちます。雌雄別同士でもくっつくのです。ほかにもミカン科の木にレモン・ナツミカン・キンカン・ユズなどの枝を接ぎ、1本の木からさまざまな種類のミカンの実を得ることもできます。

接ぎ木の痕
トチノキ（台木）にセイヨウトチノキ（穂木）を接いでいる

1本の木に数十種類ものミカンがなっている

　もちろん、希望どおりにならないこともあります。ライラックはイボタノキに接ぎ木をしますが、上のライラックが枯れ、いつのまにかイボタノキになっていることがよくあります。

複数の木が合体して太い木になる

　複数の枝や幹がくっついて1本の太い幹になっている木をしばしば見かけます。幹が太いからといって古い木であるとはかぎりません。同じ木でもあいだに樹皮が挟まって成長し、くっつかずに腐って空洞になることもあります。

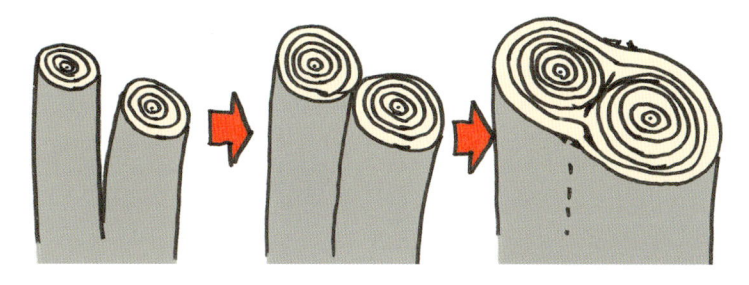

　接ぎ木ができないような相性の悪い木同士では、お互いを異物と認識し、押したり飲み込もうとしたりします。結局は接した場所から腐っていることが多いようです。このような木は、観光地などで「夫婦の木」とよばれていますが、夫婦仲のご利益は期待できないと思います。

アカマツ（針葉樹）とケヤキ（広葉樹）はくっつかない

2
偽くっつき木
【にせくっつきぼく】

くっついているように見えて、じつはくっついていない木を偽くっつき木とよんでいます。

枝と幹のあいだなどに樹皮が挟まって成長することがあります。この状態を「入皮」と言います。皮が楔のように挟まっているので、裂けやすい枝です。

こういう枝の木には登らないほうがよいでしょう。

枝のあいだに皮が挟まっている

みぞができてへこむ

ここが出っぱる

なんでこうなるの？

入皮になっていた枝がなくなると、皮が挟まっていた部分には巻き込みが起きないので、ハートのような形になります。

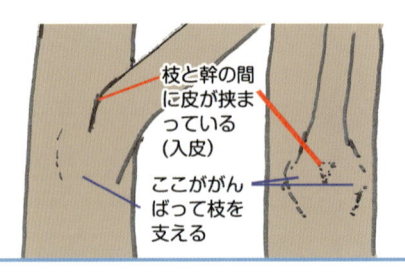

枝と幹の間に皮が挟まっている（入皮）

ここががんばって枝を支える

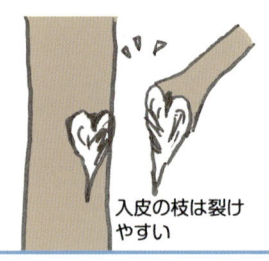

入皮の枝は裂けやすい

枝の痕を巻き込んでいる

東京都台東区在住のハートのスダジイ。縁結びの神社の前に立っているので、女子に人気がでることでしょう

出会える場所：公園、街路など、どこでも

木の種類：ケヤキ、サクラ類、エノキ、ムクノキ、スダジイなどが多いる

本物と偽物の見分け方

　くっつき木と偽くっつき木は、枝や幹のあいだの
樹皮の様子で見分けることができます。左下の写真
は枝がしっかりくっついています。枝と枝のあいだ
をよく見ると、成長とともに樹皮がはじき出されて
いるのがわかります。右下の木は皮が挟まっている
ので、枝の内側がへこみ、付け根の下が出っぱって
います。

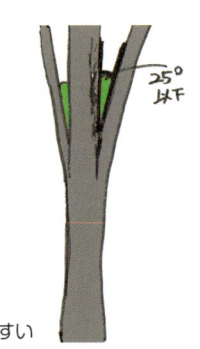

枝の角度が 25 度以下だと入皮になりやすい

くっついて
いる

くっついて
いない
へこむ

街の木クイズ❹

Q：写真の右側の枝を切ることになりました。
木の負担が少ない切り方は
①と②のどちらでしょうか？

答え

② （枝と幹の境目）

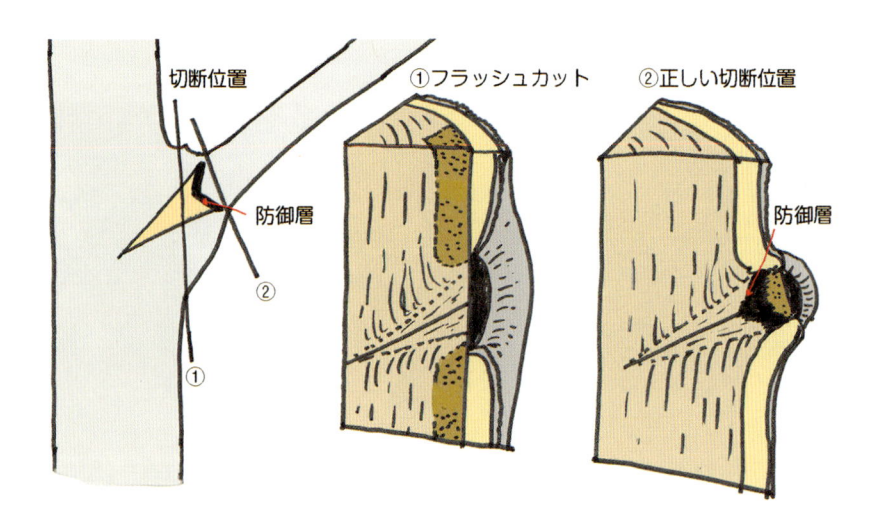

　枝を切るときは、②の枝と幹の境目で切ります。

　①はフラッシュカットとよばれる切り方で、幹まで傷つけ、腐朽菌が入りやすくなるのでやってはいけません。フラッシュカットのほうが巻き込みが早いといわれ、行われていましたが、枝をなくしたときにできる防御層（病原菌などを防ぐ層）ができにくく、巻き込みの下で腐朽がすすみます。

　フラッシュカットは今では間違った切り方となっています。

枝を切るときは残す枝葉の量にも配慮する

枝を切るときは、枝分かれの場所で切る枝抜き剪定がおすすめですが、切る場所のほかに残る枝葉の量も大切です。残す枝は切る枝の3分の1以上の太さが必要です。残す枝が細すぎると葉が少なすぎて一部分しか維持できず、あとは枯れて腐朽が広がることが多いためです。

一度にたくさんの枝を失うと枯れるリスクが高まります。栄養の供給源を確保するために応急処置として「ひこばえ」や「胴吹き」を出すこともあります。根元から生える枝をひこばえ、幹や枝の途中から生える枝を胴吹きとよびます。

ひこばえや胴吹きは見た目の問題で剪定されることが多いのですが、栄養不足を補うための枝ですので、何度も切ると弱ってしまいます。樹上に枝が十分にあれば日当りも悪くなり、ひこばえや胴吹きを出す理由もなくなるので、剪定の際は枝の役割をふまえて、十分な枝を残しましょう。

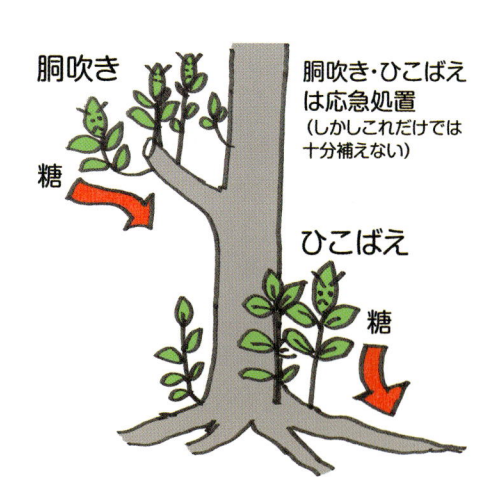

胴吹き

糖

胴吹き・ひこばえは応急処置
(しかしこれだけでは十分補えない)

ひこばえ

糖

3
コブ木
【こぶぼく】

コブ（瘤）がある木をコブ木とよんでいます。

コブができる理由はさまざまです。写真の木は剪定によって作られたコブなので「剪定コブ」とよびます。毎年枝葉が切られるため、まるで食事を制限され、拳を突き上げているボクサーのようです。

枝を伸ばせる空間が限られている場合は、若いうちから剪定コブを作ることで、健全に育てることができます。

すでに太い枝を切り、このようなコブをつくると、数十年後にはコブは大きくなり、それを支える枝の中の腐朽がすすみ、折れる可能性もあります。

なんでこうなるの？ 春から秋にかけては枝を自由に伸ばし、毎年1回同じ場所で切ると次第にコブのようになっていきます。

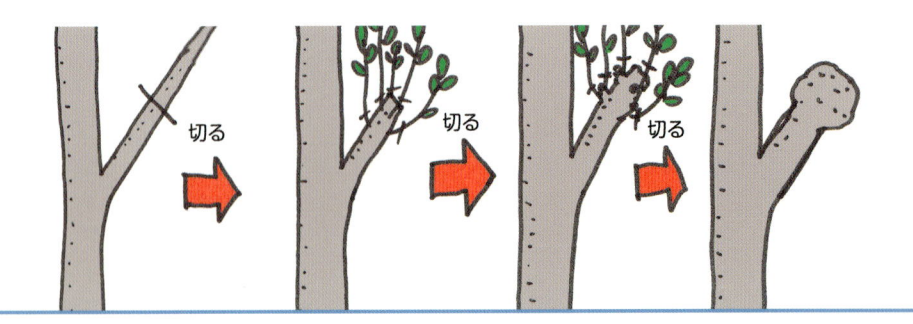

東京都練馬区在住のプラタナス。青空に拳を突き上げています

出会える場所：街路、学校、住宅地、公園など　秋から冬に目立つ

木の種類：サルスベリ、プラタナス、イチョウ、ケヤキ、クスノキ、アオギ
　　　　　リなど

剪定コブは大事にする

　剪定コブは、剪定した箇所から病原菌が入らないように抗菌物質を集めた場所です。コブの部分は病原菌に強いのですが、コブ以外の場所は弱いようで、コブが見苦しいからと切ってしまうと、枝が枯れてしまうこともあります。日照条件にもよりますが、とくに上枝より下枝が枯れる可能性が高いでしょう。コブを傷つけないように冬に枝を切れば、コブに腐朽菌が入ることはほとんどありません。

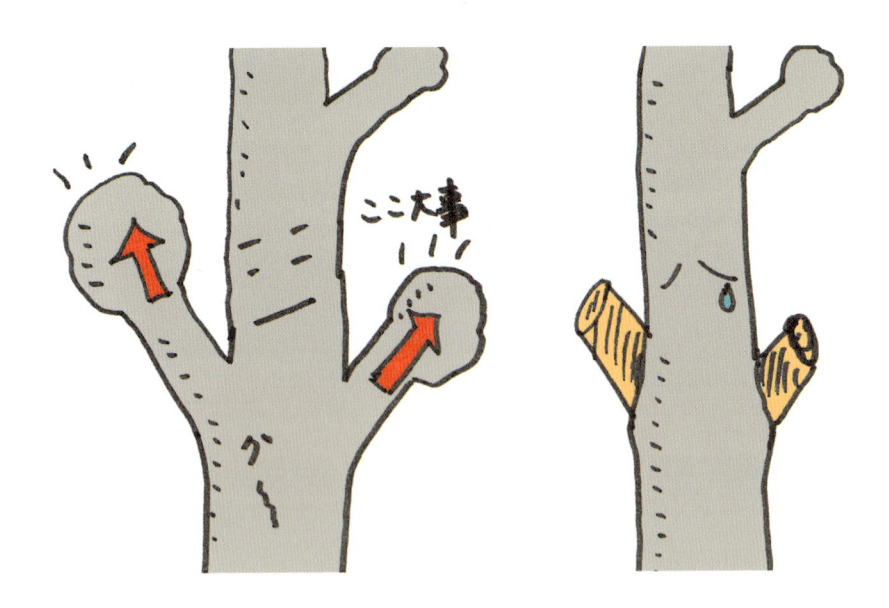

コブがあっても元気に育つ

　どうしてコブができるのか、その原因の多くは不明です。何らかの理由で、木が異常に成長させた部分がコブといえます。コブを心配する人もいますが、枝葉に影響がなければ木は元気に育ちます。コブがあることで名木になった木もあります。

　コブのなかにはその原因がわかるものもあります。フジのこぶ病は細菌、エンジュのこぶ病は菌類が原因とされています。ただし原因がわかったからといって、薬で治せるとはかぎりません。最も重要なのは木が本来もっている免疫力です。そのためには根を伸ばし、葉をたくさんつけられる環境が必要なのです。

コブのある名木のケヤキ

エンジュのこぶ病

フジのこぶ病

4
頼り木
【たよりぼく】

支柱など頼れるものを利用している木を頼り木とよんでいます。

　木は支えられると「支えてくれるんだから頼っちゃえ」と、どんどん枝を伸ばしたり、もたれかかったりします。甘えん坊というか抜け目ないというか……。

　もともと自然は易きに流れるものなのでしょう。木だって目先のものに飛びつくのです。先のことを考えてがまんするなんてことはしません。

なんでこうなるの？　木はふつう、自分で支えられる長さで枝の成長を抑えますが、支柱があると抑制せず、支柱をすればするほど枝が伸びていきます。

埼玉県狭山市在住のマツ。支えられた枝をもっと伸ばそうとしています

出会える場所：家の門、住宅地、寺社、公園など

木の種類：マツ、イヌマキ、イヌツゲなどが多い

支えられると
自分では支えない

　木の根元はふつう、右下の写真のように末広がりになります。重い体を支えるためにはとてもよい形です。

　一方、長いあいだ支柱で支えられると、左下の写真のように支柱から下はあまり成長しなくなります。支柱をあてにして支柱から上ばかりを大きくします。利用できるものは何でも利用して、合理的に生きているのです。ただし、支柱をとったら、自分だけでは支えられなくなってしまいます。

支柱から上が太いプラタナス

立派な根張りのムクノキ

街の木クイズ❺

**Q：①から④のうち、
絶対に支柱をしてはいけない場所があります。
それはどこでしょうか？**

① ② ③ ④

答え | ② （枝が曲がっているところ）

枝がゆれると
ここに力がかかる

固定した所が支点と
なって割れる

　枝が曲がっているところを固定すると、そこに強い力がかかるようになります。枝が強い風で揺れるときに、固定したところが割れてしまうこともあります。ここだけは必ず避けて支柱をします。

　下から支える場合は、①か③のように曲がったところからずらして支柱を設置します。また、④のように枝同士で支え合う方法もあります。

木はその場所でベストな枝を伸ばそうとしています。ときに枝が折れたり、切られたり、風や雪で曲がることもあります。

そうして生まれたさまざまな枝ぶりを見ていると、過去の偶然や苦労によって生み出された文字を発見できたりします。たくさん見つけてメッセージを組み立てると楽しいですよ。

根が輪っかのようになり「d」に見えます。かつてこの輪のなかに倒木があって、それが腐ってなくなり、根だけが残ったのではないでしょうか

池のそばで「ぬ」を発見。強風で枝が曲がっています

右の大きな木によって日陰ができて、右上に伸びようとした枝は枯れ、左へ伸びた枝だけが生き残り「ア」になりました

枝に注目！

木と
遊ぼう②

みのるを
発見！

逆さで
見てね。

み 毎年剪定される梅林で発見。剪定が頻繁な場所は文字探しの穴場

の 細い枝が雪の重さでしなり、その後上に伸びました

る 幹が細いときに上部の枝が枯れ、横枝が曲がり（あるいは人工的に曲げたのかも）、そこから出た枝が上に伸びていきました

　文字のできかたを考えるときは、枝の途中は伸びないことを思い出してください（p.56参照）。左の写真の木はぐねぐねと曲がって見えますが、最初から曲がって成長したわけではありません。下の図のように枝が伸びていて、それを切ったらたまたま「3」のようになったのでしょう。みなさんもいろいろな文字を見つけてみましょう。

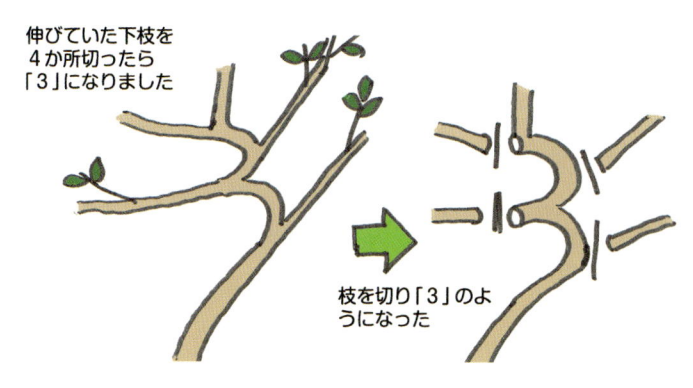

伸びていた下枝を
4か所切ったら
「3」になりました

枝を切り「3」のようになった

観察　　ノート④

枝は独立採算制

　１本の木の枝をよく見ると、元気な枝と元気のない枝があります。同じ木であっても、枝はみな同じように育つわけではありません。たとえば、「元気のない枝には、元気な枝から栄養を送ればいいのに」と思いますが、それはできません。枝先の葉が光合成によって作り出す養分でその枝のいのちを維持しているわけです。いわば枝ごとの独立採算制です。ですから、葉が少なく日光が当たらない枝は、みずから枯れていきます。

　植物が実をつけるのは、子孫を残すということです。実は熟す前は緑色をしているので、実そのものでも光合成をしていますが、葉がたくさんあって、しかも光が当たる枝でしか実は作れません。そんな台所事情を木は赤裸々に教えてくれます。実は、光が当たらない下枝や建物側にはあまりつかず、光の当たる上枝にたくさんつきます。木も生きのびるために、必死にやりくりをしているのです。

糖は他の枝から
もらえない

欲しいけど、
もらえないよー

光合成で糖を作る

糖は幹や根へ

第3章
葉に注目！

似たような葉に見える木も、触るとそれぞれ
個性豊かです。光合成で栄養をつくる葉っぱは、
木の健康のバロメーター。葉をたくさんつけたくても
つけられない諸事情がかいまみえます。

葉っぱは木の収入源

木の収入源は葉っぱにあります。葉っぱで光合成をして、栄養（糖・でんぷん）を作り、幹や枝や根に貯めます（放射組織の中の柔細胞に蓄積しているといわれています）。貯まった貯金は子どもを作ったり、受粉を手伝ってくれる虫へアピールする花を咲かせたり、新しい枝葉や根を作ることに使います。

葉っぱは木によって長く大事に使われたり、どんどん新しい葉を出して使い捨てにされたりします。葉の寿命は常緑樹では1年以上、落葉樹は半年ぐらいです。常緑樹の葉は長く使うのでしっかりしていますが、落葉樹の葉は半年もてばよいので薄っぺらいです。葉のついている場所にもよりますが、日陰の葉は長く使われるようです。

収入源である葉っぱは、たくさんあればあるほど木に力を与えます。

ヤブニッケイ　1〜7年

シロダモ 1〜4年

裏が白いのでシロダモ

クズ　使い捨てタイプ

タラヨウ 1年〜数年

シダレヤナギ　夏まではどんどん新しい葉を出す使い捨て

第3章

1

明暗木
【めいあんぼく】

　光を得るために競争し、勝ち負けが決まった木々たちを明暗木とよんでいます。シビアな競争社会の光と闇を象徴しています。

　木は狭いところにたくさん植えられると、光を得るために競争をはじめます。それは山でも生け垣でも繰り広げられています。右ページの写真は、3本の真ん中、貧相な枝ぶりの子が敗者です。木にとって日光争奪戦は生きるか死ぬかの戦いなのです。

なんでこうなるの？

光を得るための生存競争。日当り、刈り込まれ方などが明暗を分ける。

東京都板橋区在住のコニファー3本。真ん中のスカイロケット（コロラドビャク シンの栽培品種）は両脇に押され、上枝にしか葉がつけられません

出会える場所：住宅地の生け垣、街路、並木道、学校、公園など

木の種類：カイヅカイブキ、コニファー類、ツツジ、レッドロビン、ヒイラ ギモクセイ、シュロなど

ムダな場所に葉はつけない

木の下だけ枯れた生け垣

　住宅の生け垣が部分的にスカスカになっているのを見たことはないでしょうか。写真の生け垣はスカスカが進行して一部が枯れてしまっています。一方で左側、木陰とならない部分では葉がしっかりついています。刈り込まれる生け垣では、このわずかな光の量の差が大きいのです。

　日なたと日陰の生け垣を同じように刈り込んでいると日陰の場所は下枝が枯れ、上だけに葉がつくようになります。日陰の生け垣は刈り込まず、右の図のように上枝の枝抜き剪定をすると下枝に光が届き、穴が大きくなりにくくなります。

上枝の枝抜き剪定により、光が下へ届く

木を切る必要アリ

近年、木を植える＝よいこと、木を切る＝悪いことになっているように思います。ですがたくさん植えれば植えるほどよい、というわけでもないのです。

右の写真のように狭いスペースに過密に植えられると、早く大きくなって日当りを確保しようと木がそれぞれ競争をはじめます。しかし、大きくなりすぎると剪定の頻度が上がり、木は元気がなくなり、病害虫の被害にあいやすくなります。頻繁に剪定を繰り返すよりは、木と木の密度を調整するまびき（間伐）を行い、枝葉を広げるスペースを確保するほうがよいでしょう。木を生かすために、木を切ることも大事な選択です。

過密に植えられたメタセコイアとラクウショウ

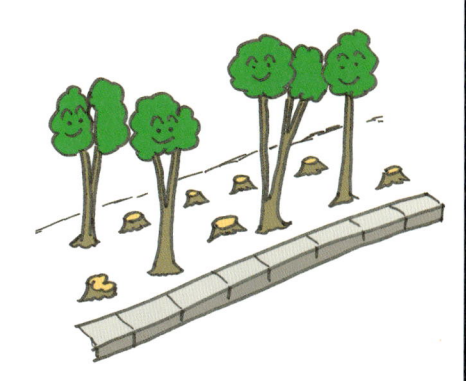

まびくことで管理費はかなり抑えられる

2
乗っ取り木
【のっとりぼく】

　他の植物におおいかぶさっている木を乗っ取り木とよんでいます。つる植物に多く、次々に乗っ取るやからもいます。

　樹木や草花などをつる植物がおおい、乗っ取っている様子をよく見かけます。つる植物は成長が早く、他の木に登って光を得ようとします。つる植物におおわれた木は光が得られなくなり、元気がなくなってしまいます。

サクラの木に巻き付いているノウゼンカズラのつる

なんでこうなるの？ 　長い時間をかけて大きくなった木を、わずか数か月でおおい尽くしてしまいます。

サクラを乗っ取って枯らし、可憐な花をつけるノウゼンカズラ（左ページの写真
と同じ木）

出会える場所：街路、学校、住宅地、公園など

木の種類：つる植物（ツタ、キヅタ、フジ、クズ、ワイヤープランツ、ノウ
　　　　　　ゼンカズラ、ヘクソカズラ、テイカカズラ、ルリマツリなど）

魔性のフジに気をつけて

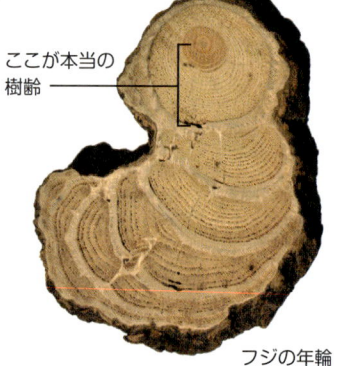

ここが本当の
樹齢

フジの年輪

　フジの花の美しさにはつい心を奪われ
ますが、その生き方は相当にしたたかで
す。自分を支える太い幹は作らず、他の
木を乗っ取って光を得ます。低い木を足
場に、背の高い木へとどんどん乗り換え
ていきます。その要領のよさにフジの魔
性を感じます。

　また、フジの年輪は1年で一つつけるとは限りません。おまけの年輪
がつくので、実際は見た目（年輪の数）より相当若いはずです。魔性の
花にだまされないようにお気をつけください。

つるの巻き方

　つる植物は巻く方向を決めているもの
が多いようです。フジは左手巻きでヤマ
フジは右手巻き。みなさんがよく知って
いるアサガオはどちらでしょうか？

　上から見てフジは右巻きとする図鑑も
ありますが、ここでは自分がつるになっ
たとして、右手で上方へ巻くのを右手巻
き、その逆を左手巻きとしました。

右手巻き　左手巻き

（A. 右手巻き）

いろいろな乗っ取り木

緑のおばけ
花壇に花と一緒に植えたワイヤープランツが花壇を飲み込み、階段にも手をかけています。暖かいところでは成長が早いので、乗っ取りはあっという間です（宮崎県宮崎市）

木の下からフジのつるが出てきました。ふんどしを締めているところなの？（東京都日の出町）

龍のようなテイカカズラ
もはや下の木は何だかわかりません（東京都練馬区）

3
伸び伸び木
【のびのびぼく】

　のびのびと枝を伸ばしている木を伸び伸び木とよんでいます。街でも山でも珍しい木です。

　森では日々たくさんの木が生き残るために競争しており、街では日陰に植えられたり、邪魔だと枝を切られたりしているなか、のびのびと生きている木はとても貴重な存在です。こうした木はまったく気にも留められていないか、大事にされているかのどちらかです。森よりは街や村、草原でのびのびしている可能性が高いでしょう。広々とした場所では光合成は十分にできますが、風当たりは強くなるので枝の配置のバランスは重要になります。

なんでこうなるの？　周りに何もなく、日当りに困ることもなく、ほどよく放っとかれて幸せに育ちました。

栃木県那須市在住のケヤキ。学校のシンボルツリー。学校は廃校となりましたが、木は残っています

出会える所：広い畑、墓地、神社、公園、まれに学校など

木の種類：ケヤキ、クスノキ、イチョウ、シラカシ、ムクノキ、エノキなど

4
ご臨終木
【ごりんじゅうぼく】

枯れているのに、枯れたと思われていない木をご臨終木とよんでいます。

　枯れているのに、ずっとそのままにされている木をたまに見かけます。右ページの写真の木は枯れてから少なくとも7年はそのままにされています。枯れたかどうかわからないという人が多いようです。ご臨終木は、ご臨終のしかたにもよりますが、一気に枯れた場合は木材があまり腐っておらず、数年は倒れないことがあります。枯れると腐りはじめるので、いつ倒れてもおかしくありません。近づくときは気をつけてください。

ご臨終チェック

1年のあいだ葉がどこからも出なければその木は枯れています。冬は枝先に瑞々しい芽がついているかを見ます。

生きた枝には芽がある（冬芽は夏にはすでにできている）

枝に芽がないもの、芽が乾いて崩れる木は枯れている

周りのアスファルトは新しくなっているのに、この枯れ木だけはずっと変わらず
立っています。だれも気づいていないのでしょうか？

出会える場所：庭、駐車場、学校など

木の種類：ケヤキ、イヌツゲ、マツなど。落葉樹が多いが常緑樹もある

枝をすべて切ると、木は確実に弱る

　木は枝先にある葉で栄養を作って生きています。そのため、枝が切られてその葉を大量に失うことは、木にとってたいへんつらいことです。枝が切られると、幹の中に貯めてある貯金（糖などの栄養分）で、ふたたび新しい枝を出さないといけません。けれども、枝を出すことができたとしても、何度も枝が切られていたら、木は弱り枯れてしまうでしょう。

　ムクドリなどが木に集まり、ふん被害で下の図のように枝を切ることがあります。枝を切った年は鳥は少なくなるようですが、翌年には鳥好みの樹形となり、以前より鳥が増えたという事例もあるようです。

バッサリ

葉を出さ
ないと死ぬ

繰り返されると

もうだめ
枯死

葉を失い、
傷口をさらす

── 街の木クイズ❻ ──

Q：A の街路樹と B の街路樹、
真夏に涼しいのはどちらでしょうか？

A

葉が多い街路樹

B

剪定されて葉が少ない街路樹

答え

A（葉が多い街路樹）

　木は根から水を吸い上げ、葉の裏にある気孔からその水のほとんどを出しています。これを「蒸散」といいます。蒸散には水を気化するために熱を必要とするので、周囲から熱を奪い、気温を下げることができます。光合成に最適な気温は約25℃なので、暑いときは蒸散をして気温を下げようとしています。

　蒸散する葉が多いほど涼しくなるのですが、春に伸ばした枝葉は夏を前に切られることが多く、木は温度を下げられずに暑さで弱ってしまいます。また、どんなに小さな木でも草でもみんな蒸散を行うので、たとえ雑草でも葉があるのとないのとでは違いがあります。

　夏前に剪定してしまうと、私たちも葉っぱの冷房を受けられず、損をしてしまいます。夏はできるだけ葉を維持して、涼しくなってから剪定や除草をするのはどうでしょうか（剪定の適期は樹種によります）。

木と遊ぼう③

利き葉っぱ

強い香りの花でもなければふだんはなかなか気づきませんが、木々はさまざまな香りを発しています。人によって感じ方も異なれば、季節による変化もあります。香りを発している木に出会ったら、その香りがどんな匂いに似ているか他の人の意見を聞いてみましょう。

ただし、葉っぱを嗅いだり触ったりするときには気をつけなければならないこともあります。p.101を読んでから木々と触れ合ってください。

第3章

みたらしだんご

カツラ （黄葉した葉が香ります）
場所：川沿い、街路

ニオイヒバ　（ちぎってもむと香ります）
場所：生け垣

パイナップル

ゴマギ　（ちぎると香ります）

ごま

?

ピーナッツバター、ビタミン剤、ブルーチーズなど意見はさまざま。みなさんは何の香りだと感じるか試してみてください

クサギ　場所：日当りの良いところ

ふわふわ
ランキング

クズの新葉
春から秋にかけて新しい葉が出ます。畑や道路沿いの日当りの良い場所で元気に生い茂るので迷惑がられていたりします

ツヤツヤ、ふわふわ、さらさら、ザラザラ……いろんな感触の葉っぱがあります。触り心地も季節によって変化しますが、ふわふわの季節は春です。柔らかい葉っぱが多いので触り比べてランキングを作ってみると面白いですよ。

早春のコブシ、ネコヤナギの花芽や、秋のフジのさやなどもなかなか素敵なふわふわです。

ネコヤナギの花芽　ふわふわナンバーワン候補

うっとりする手触りのシロダモ　　雑木林で晩春か秋に新しい葉を見つけることができます

棘とかぶれに注意！

バラに棘があることはあまりにも有名ですが、他にも注意が必要な植物があります。嗅いだり触ったりするときにはよく確認しましょう。

第3章

かぶれに注意

ウルシの仲間は触るとかぶれます。とくに葉の汁が手につかないように気をつけましょう

虫に注意

イラガの仲間　　　　チャドクガ
毛虫やハチの巣に触らないように、葉の裏を確認してから触りましょう。チャドクガはツバキ類に生息しているので、ツバキ類の葉を触るときには注意が必要です

触ってもよい毛虫もいます。夏の終わりにサクラの枝から落ちて通行人をびっくりさせているモンクロシャチホコは、毒もなく、子猫のような手触りです

棘に注意

毒に注意

サンショウ　　　　　ユズ

スイセン、スズラン、ウメの葉、アジサイの葉には毒があります。触ってもいいですが、食べてはいけません

ゴロ寝モモ（傾き木）

　「よっこらせ」と、ゴロ寝しているお父さんみたいに傾いているモモの木。ここまで倒れていたら、多少の嵐が来ても変化なしでしょう。森の中で倒れたら、光が得られなくなって枯れてしまいますが、このモモの木は運よく光が得られ、なんとか

生きています。ゴロ寝を
しながら花見をするのに
かぎります。ただ、モモ
はあまり長生きではない
ので、大木になることは
ないでしょう。

逆さメタコ（ゆるキャラ）

　水辺にたたずむメタセコイア。
枝を切った跡が目とタコの口みた
いに見えます。そして、この木は
水面にくっきりと顔が映っている
のです。逆さ富士ならぬ、逆さメ
タコ。ひょうきんな顔を水面に映
し、自分の姿にうっとりしている
のか、それともヘン顔の練習をし
ているのか……。

根に注目！

樹木を支える根っこは、
水分を吸収するだけでなく、呼吸をしています。
土を掘って根を見ると、
木の本音がきこえてきます。

よっと

根はどこまで
伸びているのか

　木の根はどのくらいの範囲に伸びるのでしょうか？　枝と同じくらいの範囲まででしょうか？　実際は、枝以上に伸びます。

　写真の木は、ラクウショウという木です。アメリカ原産で別名ヌマスギ。公園の池のそばなどに植えられています。ラクウショウは、呼吸根（呼吸をするための根）を水上や地上に出し、酸素を根に送るという特殊な能力をもっています。そんなラクウショウが、根の位置を教えてくれました。呼吸根を観察すると、かなり離れた場所まで根が伸びていることがわかります。

　ちなみに、日当たりがとてもよく、水もあるのに、樹木が池の中から生えることはありません。なぜかというと、流れのない淀んだ水の中は、酸素が少なく根腐れしてしまうからです。

呼吸根は幹から 25m ほど離れています。写真に収まりきりませんでした

呼吸根。石灯籠奥の大きな木、ラクウショウから出ています

1
地割り木
【じわりぼく】

少しずつ根が太り、地面を割った木を地割り木とよんでいます。

コンクリートなどを割ったりするので、その力強さに怖いと感じる人もいますが、実はこつこつのんびり派。実行犯は、拍子抜けするほど細い根だったりします。

写真のクスノキは10年以上の時間をかけて壁を割りました。地割り木になっているのを見たときは、切られてしまうだろうと思っていたのですが、現在は壁を壊して、低かった外側に土を盛り、好きに根を伸ばせるようになっています。

なんでこうなるの？　隙間に伸びた細い根が、時間をかけて少しずつ太くなり、ゆっくりコンクリートを割っています。

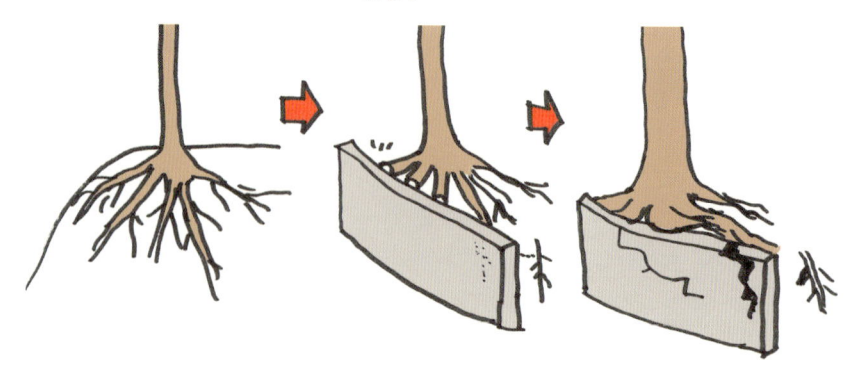

東京都杉並区在住のクスノキ。根が正座しているみたいですが、擁壁（ようへき）が壊され、根足が伸ばせるようになりました

出会える場所：公園、街路、マンション、川のそばなど

木の種類：サクラ類、ケヤキ、クスノキ、ユリノキ、プラタナスなどが多い

第4章

おしおきが 待っている

　地割り木になると、根っこや枝葉を切られるおしおきが待っています。根を切られて新しいコンクリートで埋められたり、えぐるように根を切られて元の位置に縁石を押し込められたりと、舗装を壊したおしおきは人知れず行われています。

　下の写真は、かつてアスファルトを割っていた根を切り、舗装をし直したおしおき現場です。

歩道の色が違っている部分が根を切って工事をした箇所

しかし、木もやられてばかりいるわけではありません。下の一連の写真は鉢を割った木の成長を抑えようと、枝を切るおしおきをされた木が、復活するまでを撮影したものです。すぐに葉を出しはじめ、5年ほどで復活を遂げています。時間はかかっても、生きるためにはめげてなんていられないのです。

2008年10月
邪魔な下枝は切られている

2009年3月
鉢を割っておしおきされる

2009年6月

2010年8月
急激なもりかえし

2011年11月

2013年11月
復活してきました

根に注目！

2
沈み木
【しずみぼく】

　深く植えた木、あるいは木の根元に大量に土をのせた木を沈み木とよんでいます。表面化しづらい木へのいじめです。

　呼吸根ではないふつうの根も呼吸をしています。植えるときに深すぎたり根元に土が大量にのっていたりすると酸欠になり、根が弱ってしまいます。また、根元を自らの根で巻いて、局所的に腐りやすい状態（巻き殺しの根）になっていても、見つけることができません。

なんでこうなるの？　盛り土をされると、元からあった根が弱り、浅い位置に空気を求めて新しい根が出ます。

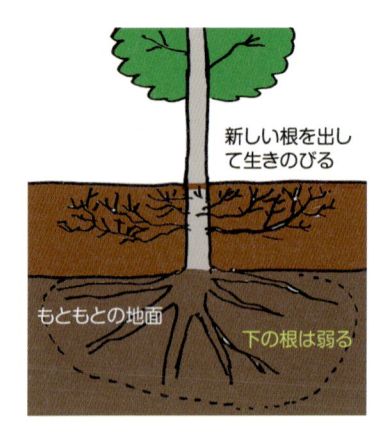

新しい根を出して生きのびる

もともとの地面

下の根は弱る

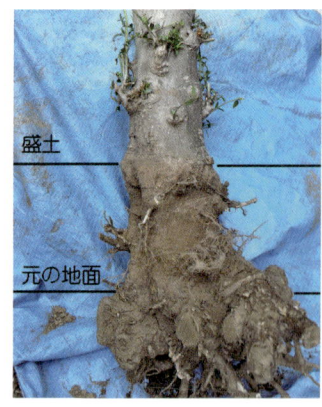

盛土

元の地面

盛土された木

土を 1 〜 2m ほど盛られているサワラ。表面に新しい根が出ていますが、枯れている木もありました

出会える場所：住宅地、公園、街路、学校など

木の種類：ケヤキ、サクラ類、イチョウなどどんな木でも

沈み木の基準は根張り

　沈み木になっているかどうかは、根の張り具合（根張り）が見えるか否かで判断することができます。左下の写真は根張りが見える木、右下の写真は根張りが見えない沈み木です。沈み木には根元に土が盛られています。

　こうなると元からあった根は呼吸ができずに弱り、浅いところに新しい根を出します。ですが、この根は乾燥に弱く枯れやすい根です。

　根の呼吸量が多いマツなどは、沈み木になると簡単に枯れてしまいます。ケヤキは根の呼吸量が多くはないので比較的よく耐えますが、決してよい環境ではありません。

根張りが見える公園のクスノキ

地面の高さを揃えるために土が盛られたり、樹形がよくない木を深植えにして体裁を整えることがあるようです

土を踏み固められるのも困る

　根張りが見えていても、根が呼吸困難になっていることがあります。土が固い場合です。

　根の呼吸には水中の酸素が必要なのですが、踏み固められた土は水の浸透がよくありません。大勢の人に踏まれると土の表面が固くテカテカと磨かれたようになり、水を通しにくくなってしまうのです。踏み固められた地面にはよく水たまりができていますが、水たまりは土に水が浸透していない証拠です。少し掘ってみると中の土は乾いています。

　こうした固い土では根は呼吸ができませんし、根の成長も困難です。根も木も次第に弱ってしまうでしょう。お花見ではつい美しい花に近寄りたくなりますが、大勢の人が根元の土を踏むのは木にとって大きなダメージとなることを覚えておいてください。

第4章

3
跨ぎ木
【またぎぼく】

　根が何かを跨いで着地している木を跨ぎ木とよんでいます。

　縁石などを跨いで伸びている根を見かけます。ふつう、根は乾くと枯れてしまうので何かを跨いだりしないのですが、地面に着地するまでに潤いがあると跨ぎ木になることもあります。湿気が多い水路のそばや、落ち葉が積もって乾燥しにくい場所で見ることができます。

なんでこうなるの？ 　根が着地するまで落ち葉におおわれていて乾燥しませんでした。

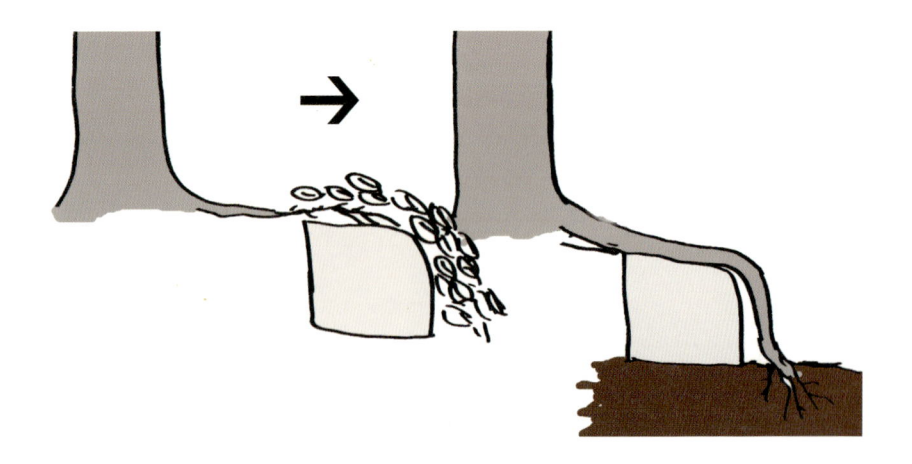

東京都品川区在住のトウネズミモチ。用水路の縁石を抱えているみたいな跨ぎっぷり

出会える場所：水路のそばなど乾きにくい場所、落ち葉を頻繁に掃かない場所、公園、学校、街路など

木の種類：ケヤキ、クスノキ、サクラ類、トウネズミモチなどが多い

根に注目！

いろいろな跨ぎ木

石垣の表面にあみだくじのように伸びています

細い根で2か所跨ぎ

ニセ跨ぎ木
先にあった根に合わせて縁石をつけています

断崖からの大跨ぎ

根は呼吸している

　みなさんはふだん、植物への水やりをどのようにしていますか？　根は水の中の酸素で呼吸をしています。根のはたらきについて、鉢植えでご説明しましょう。

　図左のように、水をこまめに少しずつ与えると、鉢の中の空気はそのままで、酸素不足になって根腐れしやすくなってしまいます。一方、図右のように、土の表面が乾いたら、鉢の下から水が出るまで水を与えると、古い空気が押し出され、新しい空気が入ります。つまり、水やりは「空気の入れ替え」であると意識するとよいでしょう。

　また、穴のないバケツに植物を植えたり、鉢の受け皿に水をためておいたりすると、どちらも根が呼吸できず、根腐れを起こしやすくなるので注意しましょう。

4
再生木
【さいせいぼく】

　切り株から枝が伸びている木を再生木とよんでいます。何度か甦ること
ができますが、木の種類によってはまったく再生できない木もあります。

　切り株からひこばえ（枝葉）が伸びている木を見たことはありませんか？
　木は伐採されても完全に枯れるわけではありません。生きている根や樹
皮があれば、そこから新しい枝葉を出して、また一から成長をはじめるこ
とができるのです。ただし、若木のころに伐採されたほうが新たな芽が出
やすく、年をとれば出にくくなっていきます。
　針葉樹はひこばえが出ないものが多く、クロマツ、アカマツなどは再生
木にはなりません。

なんでこうなるの？　伐採されても根や樹皮が生きていると、ひこ
ばえが生えて再生します。昔は薪にするため
に、何度も再生させて利用していました。

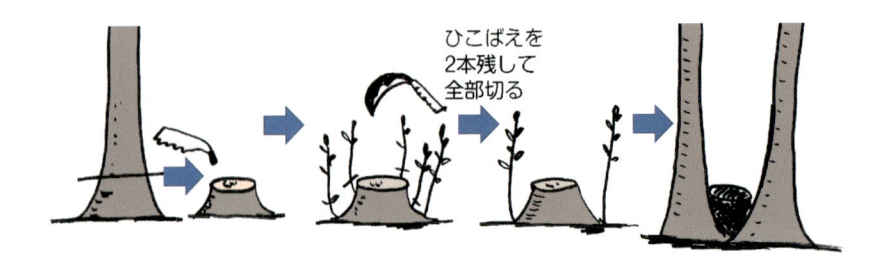

ひこばえを
2本残して
全部切る

埼玉県所沢市在住のユリノキ。ひこばえの黄葉がきれい

出会える場所：街路、学校、公園など

木の種類：エノキ、ムクノキ、イチョウ、ケヤキ、クスノキ、シラカシ、
　　　　　　サクラ類、コナラ、クヌギなど

第4章

活用されていたときの名残

　雑木林などで見られる、1か所から何本も幹が出ている木のことを、株立ちの木といいます。一度根元で切られて、生えたひこばえが育つことで株立ちの木になります。昔は5〜10年程度で木を切って、薪や炭にして生活に使用していました。

　また、途中で二股になっている木も人の手が入った痕跡かもしれません。分岐の高さは幹が太って押し上げられる程度なので、切られたときからほとんど変わることはありません。

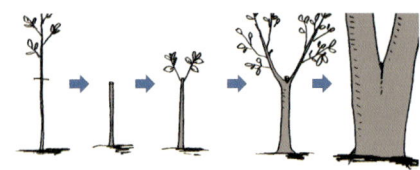

二股の高さで切られたか倒れたかして幹が分岐しました

Q：これらのキノコは木の敵？　味方？

A

ハナイグチ（可食）

B

シロハツ（可食）

C

タマゴタケ（可食）

第4章

答え

どのキノコも木の味方

　キノコには、有機物を腐らせる腐生菌、木と共生する菌根菌、木に寄生する寄生菌などがあります。写真のキノコはすべて菌根菌です。菌根菌は根に付いて乾燥を防ぎつつ、リン酸などを集めて木に渡し、代わりに木から糖など光合成で得られた養分をもらいます。菌根菌が付いた木は成長がよく、キノコが木を育てているようです。

　こうした共生関係は、ほぼパートナーが決まっています。シラカバにはベニテングタケ、カラマツにはハナイグチ。マツとマツタケはとても有名ですが、マツタケはあまりマツのためには働いていないようです。

　木の成長の手助けはしてくれませんが、腐朽菌（腐生菌の中で主に木を分解するもの）も必要な菌です。落ち葉や枯れ枝が腐朽菌によって速やかに分解されれば、分解された無機養分をすぐに吸収することができます。寄生菌も弱い木を枯らし、健全な森を維持するために重要です。

　ちなみに、根元の菌根菌も、枯れた部分に付いた腐朽菌も、キノコを採ってもあまり影響はありません。根や枯れた部分にいる菌糸が本体なので、キノコがなくなっても菌は木を育てたり分解したり、それぞれの仕事をやり続けます。

根の先端がふくらんでいるのが菌根

作ってみよう

　子どものころ、笹舟を作ったり、花の汁で色水を作ったりしませんでしたか？　昔を思い出して少し遊んでみましょう。

·········葉っぱあそび·········

サクラのミミズク
イチョウの狐を応用すると、紅葉したサクラの葉でミミズクも作れます

ツバキの草履
ツバキの葉を半分に折り、柄のほうにまるく切り込みを入れます。開いて柄を折り曲げ、刺したらできあがり

イチョウのキツネ
イチョウの葉に2か所切り込みを入れ、折り返して柄を刺します。耳がとんがるように切りそろえ、目を書いたらできあがりです

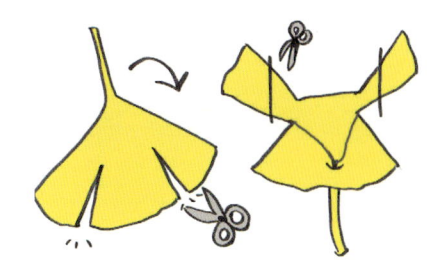

マツボックリの花籠

　マツボックリは湿ると閉じて、乾くと開きます。マツボックリの中にある羽のついた種を乾いた日に遠くへ飛ばすためです。この性質を利用して、花籠を作ってみましょう。小さな花や草をマツボックリに刺して水につけると、マツボックリが閉じて抜けなくなります。花だけでなく葉や実、茎などで工夫してみてください。

水に入れると30分ほどで閉じはじめます

春の小さな花を楽しめます

ヤシャブシの実に花の雌しべと枯れ葉を刺しました

プラタナスの実でヘンな生き物を作ってみました

ムクロジイルミネーション

　ムクロジの実は羽根つきの羽根に使われていますが、その実の殻でも遊ぶことができます。電球にかぶせると、とても不思議な光を放つイルミネーションになります。ふつうの使い方ではないため、熱くなっていないか確認し、電球をつけっぱなしにしないようにしてください。

殻　カッターで切って実を出し、電球にかぶせる

黒い実の中は食べられます

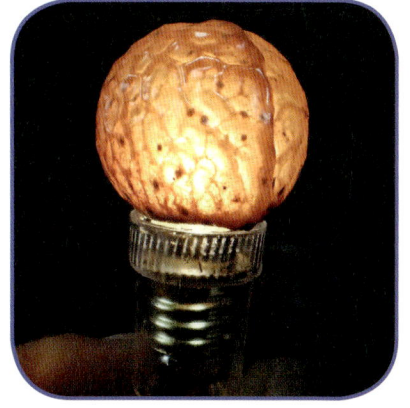

脳みそみたい。レトロな輝きが美しい

LED にかぶせて樹木通なクリスマスツリーにしてみませんか

第4章

木の病気とその対策

　樹木医の経験からいうと、街の木が元気でなくなるおもな原因は、以下の三つがとても多いです。

①　枝を切りすぎている。あるいはそうした剪定を繰り返している。

②　隣の木や建物などで日陰になっている。

③　根元が踏まれ、土が硬くなっていたり、水はけが悪い。

　ちなみに、大気汚染や酸性雨の影響で木が枯れる事例はほとんど見られません。除草剤が芽にかかって、葉が変形することはありますが、翌年には回復します。

　上記の①～③のどれも薬で治すというものではありません。対策は、剪定を控えたり、光が当たるようにしたり、土の通気透水性をよくしたり、木が元気になるように環境を整えることです。

　基本的には、木が元気なら病気や傷にみずから対処できるのです。免疫力がある木なら、虫や多少の病気だけで枯れることはありません。ただ、海外からの病気や害虫には耐性がないため、元気な木でもやられてしまうことがあります。また、同じ木をたくさん植えていると、「増えすぎたものを減らす」という自然の力が働くため、病害虫の餌食となりやすいのです。

　木は、生きるためにいろんな生き物の力を借りています。土を作るミミズ、落ち葉を分解する菌類、花粉を運ぶ虫、種を運ぶ鳥などと関わりあって生きています。その関係を壊さない、もしくは取り戻すことが何より大事なことなのです。

第5章

身近に生きるオモシロ樹木

私たちの身の回りには、
整然と植えられた街路樹だけでなく、
いろんな場所でさまざまな表情を見せる
樹木たちが生きています。
ちょっと変わった街の木をご紹介します。

目新しい樹木と
魅力的な樹木

　東京で最近よく見かける街路樹は、ハナミズキとトウカエデです。ハナミズキはアメリカ原産で、トウカエデは中国原産です。これらの樹木は、大きくなるのがさほど早くなく、剪定が少なくてすみ、大木になりにくいため好まれているようです。

　庭木でよく見かけるのは、常緑でオシャレな姿のシマトネリコです。亜熱帯原産のシマトネリコは、かつては関東では冬を越せなかったのですが、近年、冬が暖かくなったので、植えられるようになりました。シマトネリコはまた、種が飛んでいたるところに増殖し、樹液が出るので、カブトムシにも人気です（植えないように呼びかけている自治体もあります）。

　とはいえ、こうした目新しい街路樹が、もともとなかった場所に大量に植えられると、在来の生物たちに影響を与えることがありますので、植樹の際は、環境（生態系）への配慮が求められるでしょう。

　庭木として好まれるのは常緑樹です。冬に葉がないと殺風景となりますし、落葉樹は落ち葉の始末が面倒だからです（常緑樹もおもに春、落

葉します）。冬でも緑があり、成長が遅く楽しめる究極の樹木は、昔から親しまれてきた庭木でしょう。たとえば、モッコク、ヒイラギ、モチノキ、ツバキ、キャラボク、イヌマキ、ヒヨクヒバなどです。これらの庭木は、一見地味に見えるかもしれませんが、成長が遅いことが何よりの魅力です。いつも変わらずいて、コツコツ毎年葉を出し、幹をほんのちょっと太らせます。あまり自己主張しませんが、ときどき「こんな実がなるんだ」などと、意外な一面を見せてくれます。それは、せわしない日常のなかで、新鮮な驚きをもたらしてくれるでしょう。

　こうした庭木の見どころはやはり春。ふだんは固い葉なのに、春にはピカピカで柔らかい葉を出します。たとえば、ヒイラギの春の芽だしはかわいらしく、チクチクしません。しかも花の香りもよいのです。まるで地味な友だちが一目おかれる瞬間です。友だちの良い所を少しずつ見つけながら、長い時間をかけて木と親友になれるとよいですね。

ヒイラギの春の芽出し。「やーい全然痛くないじゃん」と触っていじめて楽しむ

第5章

1
境界木
【きょうかいぼく】
（別名：ガイコツ木）

　境界線で生きる樹木を境界木とよんでいます。

　下の写真の木は、境界線の内側に植えられていますが、外側にはみ出した枝や葉が剪定されました。まるで骸骨のように見えます。

　境界線に植えられる木は、防風や防音、視界を遮る役割を果たします。ガイコツ木は隣同士で遠慮している場所に見られる傾向があります。境界木には、右ページのような仲間たちもいます。

境界線で真っ二つのカイヅカイブキ。カイヅカイブキは幹から新葉を出すことはほぼありません

境界線から脱走している木を「脱走木」とよんでいます。下の写真の木はグラウンドを囲むネットの外側へ枝を伸ばしています。木が植えられた場所がネットに近いためですが、わざわざ外へ出て刈り込むのでしょうか。

ネットからの脱走は容認されており、ガイコツ木にならずにすんでいます

　右は外（道）から家の内側へ手を伸ばしているフジ。「脱走」はよくありますが、入ってくるなんて掟破りにもほどがあります。非常に珍しいケースで、こうした木を「侵入木（しんにゅうぼく）」とよんでいます。まるで別居しているのにご飯は家で食べているみたい。

出会える場所：街路、学校、住宅地、
　　　　　　　　公園など
木の種類：カイヅカイブキ、カナメモ
　　　　　　チ、サンゴジュなど

わざと外に植えたのか？　それとも昔はここまで敷地だったのか？　ここでも魔性を感じさせるフジ

2
ぶらさげ木
【ぶらさげぼく】

　いろんなものをぶらさげられている木をぶらさげ木とよんでいます。

　街では木も、人の手伝いをしないといけないようで、親しげに使われます。右ページの写真のトウカエデは、居酒屋の看板さながら、赤ちょうちんと一升瓶をぶらさげられてお客さんを誘っています。

　左の写真は、ぶらさげ木の仲間の「カギ集め木」。駐輪所のそばの木にカギがたくさんぶらさげられていました。まるで自転車の管理人のようです。

　右の写真は、すっかりカスタマイズされた街路樹の支柱です。掃除のためのホウキとちりとりがぶらさげられています。そのうえ、雨で濡れないようにひさしまで付けられて、使い勝手がよさそうです。

がんばっているのに、さほど注目されていないところに親しみを感じるトウカエデ

出会える場所：街路、住宅地、観光地など

木の種類：ありがちな樹種はない。たまたまあったものを利用している

第5章

3
屋根木
【やねぼく】
(別名：樹木店長)

　屋根から突き出ている木を屋根木とよんでいます。

　屋根から木が出ていると、つい近づいて見てしまいます。客寄せのための犬や猫はよく見かけますが、これはその樹木バージョンで、「樹木店長」ともよべるのではないでしょうか。観光地で多く見られます。

屋根木ではありませんが、ツリーハウスが名物のカフェです

大きなクスノキがお土産屋さんから出ていました

おそば屋さんからも木が出ていました。中を見たくて、ついつい入ってしまいます

鹿児島県知覧（南九州市）のお土産屋さん。サクラが樹木店長

出会える場所：お店、住宅地、神社、お寺、観光スポットなど
木の種類：とくにありがちな樹種はないが、サクラ類、モミジ類、クスノキ
　　　　　などが多い

4
通せん木
【とおせんぼく】

　道路や横断歩道のど真ん中に堂々と立っている木を通せん木とよんでいます。

　右ページの写真の木は、木があるところにあとから横断歩道ができたのだそうです。通せん木に便乗して看板も置かれています。ふつうこんな所に看板を置くと怒られますよねぇ。

ある駐車場で通せん木を見つけました。こんな場所に木が残っているのは珍しいことですが、ここに駐車をするにはそれなりのテクニックが求められます

通せん木のゆくすえです。通せん木は人間の都合でとても邪魔になるため、伐採されることが多いのです

地元の人々はこのイチョウをあまり気にしておらず、横断歩道を斜めに渡ります。しかし数年前に伐採されました

出会える場所：街路、学校、住宅地、公園など

木の種類：イチョウ、ケヤキ、サクラ類、ヒマラヤスギ、マツなど

5
すきま木
【すきまぼく】

　風や鳥が種を運び、コンクリートなどのすきまから生えている木をすきま木とよんでいます。

　右の写真はとあるお宅の玄関先で見つけたマツです。てっきり門松だと思いましたが、しっかり根付いています。近くに母木と思われるマツがありました。

東京都板橋区在住のなま門松

なんでこうなるの？ 種が風で運ばれ、すきまに入り芽生えました。コンクリートなどのすきまは、生育にわりとよい場所なのかもしれません。

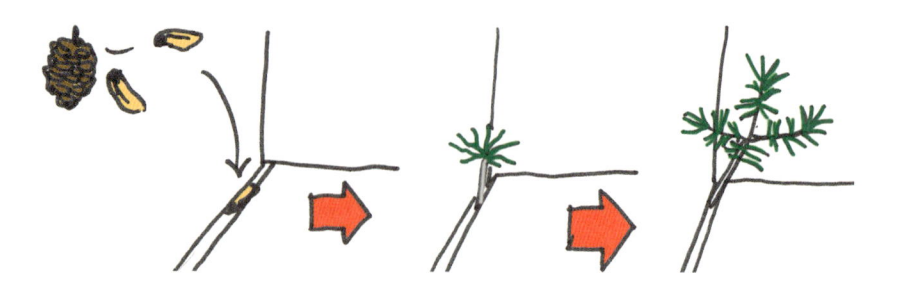

2010 年

2011 年

キリはすきまが大好き

　キリは狭い場所を好んで、すきまに生えています。キリは桐のタンスのキリです。右の写真は線路沿いで見つけたキリを、2010年から2015年にかけて撮影したものです。

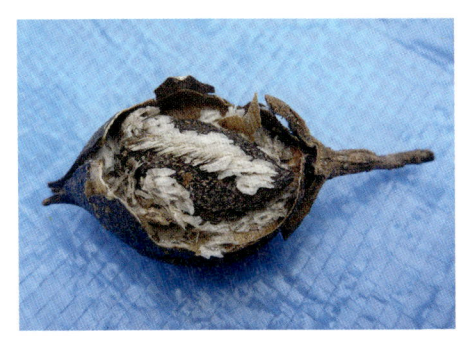
キリの種　クリのような殻に数千個入っている

出会える場所：街路、線路、駐車場、学校、
　　　　　　　住宅地、公園など
木の種類：キリ、アカメガシワ、イイギ
　　　　　リ、エノキ、ムクノキ、シュロ、
　　　　　マツ、ムクゲ、クワ、アオギリ、
　　　　　シマトネリコ、サクラ類など

2012 年

2014 年（花が咲く）

第5章

2015 年

電車を利用しているキリ

　線路沿いや駅のホームでよく見かけるすきま木のキリ。電車に乗って線路沿いのキリを探すことを「キリ鉄」とよんでいます。キリの種は小さくて軽いので、電車の起こす風で運ばれて増えているのかもしれません。

JR 山手線の新宿・新大久保間の線路沿いで見つけたキリ

JR 中央・総武線の御茶ノ水駅のホーム下に生えているキリ

JR 京浜東北線の西日暮里駅のホーム脇にあるキリ

電柱の下から生えるすきま木

　電柱の下から生えているすきま木もよく見かけます。電柱に止まった鳥が、種を含んだ糞を落とすことが多いためでしょう。

電柱の下からザクロが生えていました。なんと実までなっています

ザクロが大きく育って邪魔になったのでしょう。いつのまにか伐採されていました。何度も切られているようなので、また伸びてくるかもしれません

なんでこうなるの？　赤や黒の実は鳥が運びます。鳥は電柱でふんを落とし、掃除によって種がすきまに入ります。

第5章

6
うんこ木
【うんこぼく】

　すきまに生えて、何度も切られる
うちにコブになり、何かの糞のように
見える木をうんこ木とよんでいます。

　右の写真はクワですが、「フン
……大変迷惑です!!」という看板が、
この木をうんこにしています。この
写真を撮っているとき、「あの人、う
んこ撮ってる」とささやかれ、「うん
こ木」のお墨付きをいただきました。

東京都世田谷区在住。うんこの濡れ衣を着
せられたうんこ木

なんでこうなるの？

うんこ木の一生

うんこ木の正体はクワ（カイコが葉を食べるクワです）。毎年12月ころに枝を切られています。ある年、ペチュニアが横から生えてきました。クワはペチュニアが伸びているのに便乗し、かつてないほど繁茂しました。しかし、また冬がやってきて丸坊主。数年は繁茂しましたが、ある年の8月に丸坊主にされてしまい、翌年の春には瀕死の状況になりました。

2012年6月　ささやかな暮らし

2013年5月　仲間？

2013年8月　便乗

2015年5月　繁茂

2015年8月　丸坊主

2016年5月　瀕死

出会える場所：街路、学校、住宅地、公園など

木の種類：クワ、エノキ、ムクゲ、プラタナス、バラ、ランタナなど

第5章

7
地蔵木
【じぞうぼく】

　神様仏様を見守る樹木として尊ばれ、どんな場所でも残っている木を地蔵木とよんでいます。しかし最近は、信仰心も薄れてきているのかもしれません。

東京・銀座のビルの狭間に立つ地蔵木。今はもうありません

お地蔵さんがいてこそ存在が許される

　駅近くの住宅地で延命地蔵に寄り添うサザンカの木を見つけました。しかし、いつのまにか延命地蔵が移転し、ゴミ捨て場となり、剪定のためか地蔵木も枯れてしまいました。

花や葉が落ちるのがイヤになったのか、幹をバッサリ切られてしまいました。なんだか様子がおかしいぞ

お地蔵さんのいる屋根を貫いて、サザンカの木が元気に繁っています。サザンカのために屋根に穴を開けてくれています

突然の地蔵移転！　頼みのお地蔵さんが去ったのち、残されたサザンカは枯れていました

出会える場所：街路、住宅地、繁華街など

木の種類：イチョウ、シラカシ、ケヤキ、
　　　　　　　クスノキ、サカキ、ヒサカキ、
　　　　　　　ツバキ、サザンカなど

第5章

観察 ノート⑧

並木と街路樹の歴史

　並木は街道の安全・快適な通行を目的に植えられてきました。世界最古の並木は、ヒマラヤ山麓のグランド・トランク（インドのカルカッタとアフガニスタンを結ぶ幹線）にあるとされ、およそ 3000 年の歴史をもっているといわれています。

　日本では、6 世紀ごろから並木がみられますが、奈良時代の 759 年に、遣唐使の僧侶の進言がきっかけとなり、当時の公文書である太政官符によって街道の並木が整備されました。並木は飢えをしのぐためにモモやナシなどの果樹を植えることもあったようです。江戸時代には火事が多かったため、火避けとしてイチョウが植えられました。ちなみに、植樹から約 400 年の歴史をもつ日光の杉並木は、長さ 35.41km を誇り、世界最長の並木道としてギネス世界記録に認定されています。

　日本で初めて整備された近代的な街路樹は、1867 年に横浜の馬車道沿いに植えられたヤナギとマツといわれ、関内駅近くには「近代街路樹発祥之地」の記念碑が建っています。この街路樹は、1923 年の関東大震災で焼失し、現在では 1977 年以降に植えられたアキニレの街路樹となっています。

ケヤキの手（コブ木）

　ある団地で、大きな手のようなケヤキを見つけました。節くれだった働く手のような……。幹がまだ細いときに、枝が分かれている箇所で切られ、そこから枝が密に出て、4本がくっつく形になったのでしょう。コブの原因は不明ですが、いろいろ苦労してきた木に違いありません。

水くれ木（地割り木）

　ある暑い夏の日、とある公園で見つけたのはケヤキの根。縁石の下から水道めがけて伸びています。まるで「み、水をくれ〜」と手を伸ばしているよう。周りの土は踏み固められ、乾燥しています。水道を利用しているのは、人だけとは限りません。

季節の見どころ

身近な街の木は、季節ごとにいろんな表情を見せ、

私たちを楽しませてくれます。

 春といえば花。地味ながら可憐な花を咲かせ、
秋には実をつける街の木をご紹介します。

ケヤキの雄花

イチョウの雄花

アケビの雄花

ケヤキの雌花

イチョウの雌花

アケビの雌花

 夏は葉っぱが元気よく生い茂る季節。大きな葉っぱを付ける木には、ホオノキ、キリ、トチノキ、アオギリ、イイギリ、プラタナス、ユリノキ、モミジバフウ、シュロ、ソテツなどがあります。

キリの葉。直径 60cm ほどの
大きさです

秋の見どころは何といっても実と紅葉です。
イチョウやアケビの実は食べることができますが、
日頃注目しない小さな実も探してみましょう。

ケヤキの実。枝葉ごと落ち、
風で運ばれます

ギンナンは果実ではなく種子

香りのよいアケビの実

冬の見どころは冬芽の葉痕です。よく見
ると維管束痕が目や口に見えます。フジ
は青髭（俳優の山田孝之に似てる？）、ク
ズは気の弱そうな顔、イイギリは耳がか
わいい子ブタちゃん。

山田孝之似のフジ

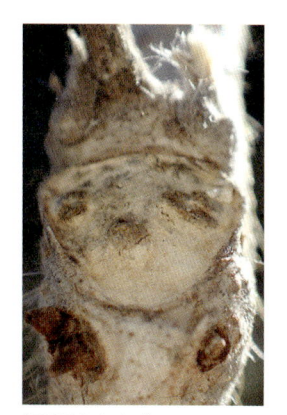

気弱そうなクズ

子ブタのイイギリ

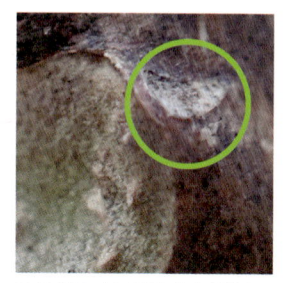

これが子ブタの耳（イイギリの
托葉痕）

樹木医のしごと

適切な方法で木の健康状態を調べる

　樹木医は、山の樹木より街の木を調べることが多いです。木が元気かどうか、なぜ枯れたのか、倒木や枝折れなど危険な木はないか、移植は可能か、開発によるダメージを少なくするにはどうしたらよいか、などの目的で樹木を調査します。目的によって調査方法は異なりますが、木が元気かどうかを見分けるのはふつうの人にもできると思います。

　まず、葉の量が木の大きさに相応しているか全体を見ます。そして、上枝の葉の状態をくわしく見ます。また、葉が小さくなっていたり、枝枯れしていると、根や土に問題があるかもしれないので、根元や土壌の状態も調べます。さらに、開発により周囲の環境が変わってないか、剪定を過度に行っていないかなども重要な観点になります。

　ところで、木を大事にするあまり、全面的な土壌改良を行うことは根を切ることになり、適切な選択とはいえません。木の健康状態や周囲の環境を調べる一方で、木の持ち主や周辺の住民のみなさんにわかりやすいアドバイスをすることも、樹木医の重要な仕事です。

樹木医あるある

樹木医の必須アイテム

樹木医の仕事で欠かせないおもな商売道具をご紹介します。

測る道具

①**測距器**（枝の長さなど距離を測る）
②**測高器**（木の高さを測る）
③**メジャー**（画びょうは幹周を一人で測るとき、
　メジャーを樹皮に固定する）

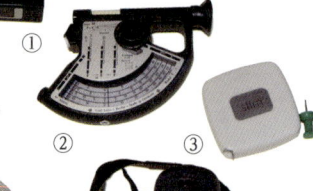

観察する道具

④**ルーペ付き捕虫びん**
　（木にいる虫を調べる）
⑤**双眼鏡**（枯れている枝、梢端の葉の状況など観察する。
　枝に付いているキノコなども観察する）
⑥**木鎚**（叩いた音で幹の中が腐っているかどうか調べる。
　大きく腐っているとうつろな音がする）
⑦**鋼棒**（腐っている部分に刺し、どのくらいの深さまで入るか調べる）

採取する道具

⑧**根ほり**（土などを採取する）
⑨**剪定鋏**（病気の枝や根などを採取する。
　キノコの断面をカットし、観察するのにも使える）

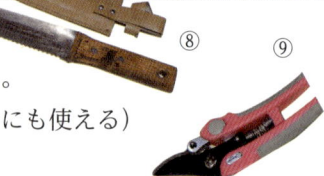

記録する道具

⑩**カメラ**（記録や説明のために重要な道具。双眼鏡
　やルーペの代わりに、望遠や顕微鏡モードなどで
　観察できる）

植物のおうち（捨て木）

　散歩していると、気になるお家が……。びっくりしてカメラを落としそうになりました。「ごめんくださーい。玄関が、葉だらけですよ！」（心の声）

　見たところ空家のようで、家の中は放ったらかしなんだろうか？　家の中で植物が繁殖しているのだろうか？　玄関のガラス戸が温室のようになっているのだろうか？　次々と疑問が湧いてきます。どういう植物なのかよくわかりませんでしたが、家主はもう植物のようです。

根っこ、まっしぐら（すきま木×跨ぎ木）

　狭いすき間に生えているムクノキだなあと思ったら、なんと根も建物の狭間をまっしぐらに伸びています。根の先端は、舗装のところで地中に潜っています。幹も根も狭いところでいろんな工夫や努力をしているんですね。

 # 街の木さくいん

本書でご紹介した樹木から30の街の木を索引として取り上げています。
写真とともに、名称【よみかた】、掲載頁、レア度（珍しい度合いを★の数で表示）、
ひと口メモを掲載しています。

第3章　葉に注目！

第4章　根に注目！

沈み木【しずみぼく】 ·············· 110

☆☆☆　p.111 の写真はグラウンドのそばのサワラの木。ケヤキ、サクラ類、イチョウなど。公園や街路、学校、住宅地などいたるところで見られます。

跨ぎ木【またぎぼく】 ·············· 114

★★☆　p.115 の写真はトウネズミモチ。ケヤキ、クスノキ、サクラ類などに多く見られ、とくに土が乾きにくい場所などで出会えます。

再生木【さいせいぼく】 ·············· 118

★☆☆　p.119 の写真はきれいな黄葉のユリノキ。エノキ、ムクノキ、イチョウ、ケヤキ、コナラ、クヌギなど。公園や街路、学校などで出会えます。

第5章　身近に生きるオモシロ樹木

境界木【きょうかいぼく】 ·············· 130

★★☆　別名「ガイコツ木」。p.130の写真はとある墓地のカイヅカイブキ。ほかにカナメモチ、サンゴジュなど。おもに街路や住宅地、学校などの敷地の境界で出会えます。

侵入木【しんにゅうぼく】 ·············· 131

★★★★（激レア！）　写真は住宅の塀の外側から内側に手を伸ばしているフジ。非常に珍しいケースです。激レアの「侵入木」を見つけたら、遠慮なく自慢しましょう。

ぶらさげ木【ぶらさげぼく】 ·············· 132

★★☆　p.133 の写真はとある居酒屋の前に立つトウカエデ。街路樹や住宅の庭木が「ぶらさげ木」として活用されるケースが多いようです。

屋根木【やねぼく】 ·············· 134

★★★　別名「樹木店長」。p.135の写真はとあるお土産屋さんを見守るサクラ。ほかにモミジ類、クスノキなど。お寺や神社、観光地のお土産屋さんや食事処などで出会えます。

通せん木【とおせんぼく】 ·············· 136

★★★★（激レア！）　p.137の写真はイチョウ。通行の邪魔になるのでたいていは切られてしまいます。非常にはかないので、見つけることができたらとてもラッキーです。

すきま木【すきまぼく】 ……………… 138

★★☆ 写真はとある住宅の玄関先で見つけたマツ。ほかにキリ、エノキ、ムクノキ、シュロなどを見かけます。街路、住宅地、公園、線路沿いなどで出会えます。

うんこ木【うんこぼく】 ……………… 142

★★★ p.142の写真は住宅地の道路の隅で見つけたクワ。これはすきま木のコブ木で再生木です。その見た目から悲しい運命をたどることになります。

地蔵木【じぞうぼく】 ……………… 144

★★☆ p.145左の写真はお地蔵さんを見守るサザンカ。ほかにイチョウ、クスノキ、サカキなど。街中や住宅地にある祠（ほこら）などでよく見かけます。

◆私の好きな街の木

足湯ケヤキ（跨ぎ木） ……………… 35

★★☆ とある公園で出会った「跨ぎ木」のケヤキ。その根っこがまるで足湯をしているように見えます。隣に座って、一緒にリラックスしましょう。

ゴロ寝モモ（傾き木） ……………… 102

★★☆ 「傾き木」のモモの木。ピンクの花の可憐さとは裏腹に、傾き加減が半端なく、まるで休日にゴロ寝しているお父さんのようです。

逆さメタコ（ゆるキャラ） ……………… 102

★★★ とある公園の池で見つけたメタセコイア。枝を切った跡が目とタコの口のよう。池の水面にみずからのひょうきんな姿を映しています。

ケヤキの手（コブ木） ……………… 147

★★☆ とある団地の庭で見つけた「コブ木」のケヤキ。まるで節くれだった大きな手のように見えます。これまでの苦労が偲ばれるようです。

水くれ木（地割り木） ……………… 147

★★★ とある公園で出会った「地割り木」のケヤキ。その根っこが縁石の下から水道をめざして伸びています。その姿から「水くれ木」と名付けました。

おわりに

　みんなに愛される木といえば、花が美しい木や、有名な古木・巨木などがあげられるでしょう。それ以外の木は、まったくといっていいほど注目されません。

　けれども、何気ない木に、たとえば「アルパカみたいな木」、なんて名前が付くとどうでしょう。すると突如、気になりはじめます。これは、さえない木がいきなり注目される魔法の言葉です。この魔法の言葉で、身近にある木を気になる存在にしてほしいのです。ぜひ木々たちに名前をつけて、眺めてみてください。

　木は環境をつくる存在です。たとえ1本でも、いろんな生き物に居心地の良い環境を提供します。人も例外ではありません。木を眺めて、笑ったり、感心したり、幸せな気持ちになったり、癒されたりすることができます。木のことを知り、木を思いやることは、私たちの環境をよりよくすることにつながるのです。

　この本を携えて、旅行でもお散歩でも、木と楽しくつきあう生活をはじめてみませんか？

街の木と楽しくつきあうための本

『里山の花木ハンドブック——四季を彩る華やかな木々たち』
多田多恵子著、平野隆久写真、NHK 出版、2014 年
『都市の樹木 433』岩崎哲也著、文一総合出版、2012 年
『樹木の葉——実物スキャンで見分ける 1100 種類』林将之著、
山と溪谷社、2014 年
『冬芽ハンドブック』広沢毅解説、林将之写真、文一総合出版、
2010 年
『写真で見る植物用語』岩瀬徹／大野啓一著、全国農村教育協
会、2004 年
『いきものつながり』練馬いきものつながり制作　文一総合出
版、2011 年
『野鳥と木の実ハンドブック』叶内拓哉写真・文、文一総合出版、
2006 年
『虫こぶハンドブック』薄葉重著、文一総合出版、2003 年
『イモムシハンドブック』安田守著、高橋真弓／中島秀雄監修、
文一総合出版、2010 年
『人間なんて怖くない 写真ルポ イマドキの野生動物』宮崎学
著、農山漁村文化協会、2012 年
『くらべてわかるきのこ 原寸大』大作晃一写真、吹春俊光監修、
山と溪谷社、2015 年
『ときめくコケ図鑑』田中美穂著、伊沢正名写真、山と溪谷社、
2014 年

参考文献

『現代の樹木医学』アレックス・L・シャイゴ著、日本樹木医会訳編、1996 年
『図解　樹木の診断と手当て』堀大才／岩谷美苗著、農山漁村文化協会、
2002 年
『樹木に関する100の誤解』アレックス・L・シャイゴ著、堀大才／三戸久美子訳、
日本緑化センター、2000 年
『根の生態学』H・デ・クルーン／E・J・W・フィッサー著、森田茂紀／田島亮
介監訳、シュプリンガー・ジャパン、2008 年
『植物生理学 第 3 版』L・テイツ／E・ザイガ　編、西谷和彦／島崎研一郎監訳、
培風館、2004 年
『新装版 草花あそび』熊谷清司著、伊藤昭画、中村潤子編、文化書房博文社、
2010 年
『樹木診断調査法』堀大才編著、講談社、2014 年
『絵でわかる樹木の育て方』堀大才著、講談社、2015 年

著者紹介

岩谷美苗（いわたに・みなえ）

島根県生まれ。森林インストラクター、樹木医、街の木らぼ代表。
東京学芸大学卒業。
著書に『図解　樹木の診断と手当て』（堀大才との共著、農山漁村文
化協会、2002 年）、『街の木のキモチ──樹木医のおもしろ路上診断』
（山と溪谷社、2011 年）、『散歩が楽しくなる樹の手帳』（東京書籍、
2017 年）など。
ブログ「街の木コレクション」
http://machinoki.blog100.fc2.com/

＊フェイスブックの「街の木ウォッチング」グループで、みんなが見つけた「オモ
　シロ樹木」を投稿していただき、木を見る楽しさを共有しています。ぜひご参加
　ください。
　http://www.facebook.com/groups/493851360641551/

街の木ウォッチング
オモシロ樹木に会いにゆこう

2016 年 9 月 16 日　初版第 1 刷　発行
2017 年 7 月 31 日　初版第 2 刷　発行

著　者　　岩谷美苗
発行者　　村松泰子
発行所　　東京学芸大学出版会
　　　　　〒 184-8501　東京都小金井市貫井北町 4-1-1　東京学芸大学構内
　　　　　TEL 042-329-7797　FAX 042-329-7798
　　　　　E-mail　upress@u-gakugei.ac.jp
　　　　　http://www.u-gakugei.ac.jp/~upress/

装　丁　　小塚久美子
印刷・製本　シナノ印刷株式会社